JN093460

HTML

Ruby

Python

C++

CSS

知識ゼロ
からの

# プログラミング
# 学習術

独学で
身につけるための
**9つの**
学習ステップ

北村拓也
KITAMURA TAKUYA

Java

PHP

JavaScript

C#

秀和システム

Learning Method of Programming

# ▷ はじめに ◁

　さぁ、プログラミングができるようになろう！そう思って本書を手に取っていただいた方、申し訳ありません。残念ながら、本書を読んでもプログラミングは学べません。ただ、プログラミングができるようになりたいのであれば、どうか本は閉じないでください。

　なぜでしょうか？

　それは、プログラミングができるようになるためには、まずその学習方法について学ぶことが大切だからです。例えば、「外国に行きたいから、外国語を勉強しよう」と思って、がむしゃらに英語を勉強したとします。しかし、実は自分が行きたかった国では英語が通じなかったらどうでしょうか。

　プログラミングも同じです。プログラミング言語には、様々な種類があり、何を作りたいか、何ができるようになりたいかによって、学ぶ言語が変わります。やみくもに学習しても、実は自分が作りたいものは作れない言語だった、ということもあります。だからこそ自分が何をしたいか、何を作りたいかの目標を最初に立てて、それに合った学習法を見つけることが大切なのです。

　さらに、プログラミング学習は、途中で挫折してしまう人が多いです。その理由の大きな１つが、学習法を知らないことにあります。プログラミングを勉強しようと書店に行ったら、同じ言語の書籍が何冊もあり、結局どれを選んでいいかわからずに帰ってしまった、なんて経験ありませんか？学習法をマスターすれば、途中で挫折するリスクも減りますし、学習のスピードも格段にアップします。

　本書では、独学でプログラミングを修得し、40点以上の作品を作り、受賞40件以上[*1]、代表作のランキング1位[*2]を達成し、起業したアプリ開発の会社を売却した僕が、挫折しづらい効率的なプログラミング学習法を紹介します。また、学習工学の研究成果により飛び級で博士号（工学）を取得し[*3]、16校舎あるプログラミングスクール[*4]を運営している経験から、最新のプログラミング学習の知見を提供します。

　このように実績を書くと偉そうですが、もともと僕は中学生の頃に不登校で期末試験も数学が0点の落ちこぼれでした。そんな僕でも、プログラミングを学んで、作品作りができるようになりました。誰でも学べば使える自己実現のための最強の武器、プログラミングを学びましょう。

　本書では、プログラミングの学習方法について、詳しく解説します。目的ごとに、おすすめの学習法や書籍を紹介し、挫折しないコツも解説します。これからプログラミングを学ぶ人にとっての、道案内の役割を果たせると嬉しいです。

　なお本書は、自分で書籍を読んで理解できる大学生・社会人を主に対象としていますが、もっと若い方々にもぜひ読んでいただきたいと思います。

2019年12月

北村拓也

---

*1：主な受賞タイトルに、U-22プログラミングコンテスト CSAJ（コンピュータソフトウェア協会）会長賞、IoT Challenge Award 総務大臣賞、人工知能学会 先進的学習科学と工学研究会 優秀賞などがある。
*2：サイバーセキュリティ学習アプリCyshipが、ゲーム投稿サイトPLiCyでランキング一位を達成。また、将棋を学べるアプリ「猫と学ぶ将棋の定跡Pro」がスマートフォンアプリ市場のGoogle Play 新着有料アプリランキング4位。当時の1位がドラゴンクエスト、2位がファイナルファンタジー。
*3：広島大学の大学院博士課程前期を半年、後期を一年短縮して修了
*4：小中高生対象のプログラミングスクールTechChance!(https://techchance.jp)

Learning Method of Programming

# ▷ 目 次 ◁

## 第6章

# プログラミングを楽しく体験してみよう　　181

## 第7章

# プログラミングコンテストに参加してみよう　　195

## 第8章

# ハッカソンに参加してみよう　　203

▶ **本書に登場するアイコンについて**

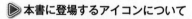 ………Web サイトを意味します。

 ………書籍を意味します。

# 第**1**章

# プログラミングがなぜ
# 注目されているのか？

　これからの時代は、技術が必要です。技術があれば、会社に依存せずとも自由に生きることができます。もしあなたが将来に不安を感じ、技術を身に付けたいと思っているのであれば、間違いなくプログラミングをお勧めします。なぜならば、

1. IT技術者の需要が高まっている
2. 世界は機械化している
3. プログラミング教育が世界で必修化されている
4. 課題を解決するための新しい力が求められている
5. プログラミングは自己実現のための最強のツール

という5つの理由があるからです。
　この章では、このようにプログラミングが注目されるわけを書いていきます。

Learning Method of Programming

# 1 ▷ IT 技術者の需要が高まっている

## ┃IT 技術者の需要が高まっている理由とは？

　現在、IT 技術者（システムエンジニアやプログラマを包括した概念）の不足が深刻化しており、需要が高まっています。なぜ、IT 技術者が必要とされているのでしょうか。それは社会において IT が切り離せない技術になったからです。下記の表に 2019 年 7 月末の時価総額 TOP10 の会社を紹介します[1]。

| 順位 | 会社名（国） |
|---|---|
| 1 | マイクロソフト（米国） |
| 2 | アップル（米国） |
| 3 | アマゾン・ドット・コム（米国） |
| 4 | アルファベット（米国） |
| 5 | フェイスブック（米国） |
| 6 | バークシャー・ハサウェイ（米国） |
| 7 | テンセント・ホールディングス（米国） |
| 8 | アリババ・グループ・ホールディングス（中国） |
| 9 | JP モルガン・チェース（米国） |
| 10 | ビザ（米国） |

◤時価総額ランキング

[1]：世界時価総額ランキング2019
　　 180.co.jp/world_etf_adr/adr/ranking.htm

　上記の表の中で、背景に色を付けた会社がIT企業です。またこれらの会社のうち、Google、Apple、Facebook、Amazonを総じてGAFA（ガーファ）と呼ばれています。Googleの親会社が、上記の表の2位にあるアルファベットです。なぜIT企業がこれほど成長しているのでしょうか。

## IT企業が成長する理由

　製造業とIT業の大きな違いが、コピー（複製）にかかるコスト（費用）です。例えば、自動車を一台から二台に増やすのには、自動車一台分のコストがかかります。しかしながら、ソフトウェアは右クリックしてコピーするだけで2つになります

　なお、ソフトウェアとは、モノ（ハードウェア）以外の、モノに付随する情報を言います。例えば、音楽CDのCDはモノです。入っている楽曲はソフトウェアになります。

　物理世界に対して情報世界のビジネスがいかに有利かわかりますね。実際、平成28年の経済産業省による「IT人材の最新動向と将来推計に関する調査結果」によると、2020年には36.9万人のIT人材が不足すると言われています。

Learning Method of Programming

# 2 ▷ 世界は機械化している

## ｜ 「コンドラチェフの波」とは？

　プログラミング技術が求められている大きな理由として、世界が機械化していることが挙げられます。あなたはコンドラチェフの波という言葉を知っていますか？　コンドラチェフの波とは、景気循環の一種で、約50年周期の景気サイクルのことを指します。

| 革新的技術 | 年代 |
|---|---|
| 蒸気機関・紡績 | 1800 |
| 鉄鋼・鉄道 | 1850 |
| 電気工学・化学 | 1900 |
| 石油化学製品・自動車 | 1950 |
| 情報技術 | 1990 |

■コンドラチェフの波

　現在は、情報技術（IT）の波が来ています。IoT（Internet of Things）という言葉も当たり前になりました。IoTとは、今までインターネットにつながっていなかったモノが接続され、モノ同士の情報交換が行われる仕組みのことです。そのため、どんな業界でもITが必要となってきているので、業種、職種に関わらずすべての業界でITが求められているのです。
　例えば車の自動制御システムの搭載、暗号資産（仮想通貨）でおなじみのブロックチェーン技術もそうです。車や電車、貨幣ですらITが使われ

ている時代です。これからますます機械化されていくことでしょう。

## デジタルレイバーの登場

　世界が機械化している最たる例として、仮想知的労働者（デジタルレイバー）が挙げられます。デジタルレイバーとは、定型業務の自動化を実現したソフトウェアやそのソフトウェアを搭載しているロボットを指します。デジタルレイバーによって、人は単純作業や繰り返し作業から解放されます。このデジタルレイバーを作る手法が RPA（Robotics Process Automation）です。RPA とは、コンピュータ上で行われていた業務プロセスを自動化する技術です。本質的に人が行わなくていい作業は、ロボットが代わりにしてくれる時代です。そしてそのロボットの中身（ソフトウェア）を作っているのは、プログラミング技術です。

1

2

3

4

5

6

7

8

# 3 ▷ プログラミング教育が世界で必修化されている

　文部科学省の「諸外国におけるプログラミング教育に関する調査」を読むと、世界でプログラミング教育の必修化が進んでいることがわかります。

　例を挙げると、英国では、平成 26 年から「Computing」という教科が小学校から高等学校までの系統的な教科として位置付けられています。日本でいう小学校の段階からプログラミング教育を実施している国として、英国の他にハンガリーやロシアが挙げられます。

　中学校の段階では、先に述べた 3 国に加えて香港が必須科目としており、韓国、シンガポールが選択科目として実施しています。

　世界各国がこぞってプログラミング教育を必修化している理由としては、論理的思考力の育成、情報技術の活用に関する知識や技術の習得のほか、高度な IT 人材の育成が挙げられています。

　世界の動きに合わせて、日本でも 2020 年に小学校でプログラミング教育が必修化されます。では誰もがプログラミングができるようになるかと言うと、そう言うわけではありません。公教育でプログラミング技術を学ぶには限界があるので、必修化されてもあなたがプログラミング技術を学ぶ重要さは変わりません。

　先に紹介した諸外国と比べて、日本は遅れていると感じるかもしれません。しかし、文部科学省や経済産業省などのそれぞれの省が取り組んできていました。どのような高度 IT 人材育成プログラムがあるのか、現在も続いているものの中で、僕自身も参加した著名なプログラムを 3 つ紹介します。

## 高度 IT 人材育成 enPiT（文部科学省）

「成長分野を支える情報技術人材の育成拠点の形成（enPiT）」は、4分野における高度 IT 人材の育成を目指しているプログラムです。

大学学部生向けの4分野には「ビックデータ・AI」「セキュリティ」「組み込みシステム」「ビジネスシステムデザイン」があります。

大学・企業界の協力体制のもとで推進されるリアリティの高い講義や演習など、特色あるプログラムを通じて実社会においてイノベーションを起こすことができる人材を輩出しています。

僕自身は大学院生向け enPiT の「ビジネスアプリケーション」分野に参加しました。主にアジャイル開発と呼ばれるチームでの開発手法を合宿形式で学び、「待ち合わせを支援する AR アプリ」を開発しました。幸い、高い評価をいただき、優秀賞第一位に選ばれました。enPiT で学んだことは実践的で、今でも活用しており、感謝しています。現在、大学生・院生の方はぜひ挑戦してみてください。

## 天才的なクリエータ発掘・育成　未踏事業（IPA、経済産業省）

「未踏」は、経済産業省所管である IPA が主催し実施している、「突出した IT 人材の発掘と育成」を目的として、IT を活用して世の中を変えていくような、日本の天才的なクリエータを発掘し育てるための事業です。「未踏」では各プロジェクトにメンターと呼ばれる指導者がつき、定期的なミーティングや合宿が開かれます。著名な卒業生に、筑波大学の落合陽一准教授がいらっしゃいます。

僕自身は 2017 年度に採択され「サイバーセキュリティ人材育成プラットフォーム」を開発しました。未踏事業では少なくない予算が与えられるため、期待されている喜びと緊張を味わいながら技術を伸ばすことができ

ました。現在 25 歳以下の方はぜひ挑戦してみてください。

## セキュリティイノベーター育成　SecHack365（NICT、総務省）

　SecHack365 は情報通信研究機構（NICT）ナショナルサイバートレーニングセンターが、25 歳以下の若手を対象に高度な技術力を持つセキュリティイノベーターを 1 年かけて育成するプログラムです。

　僕自身はチームで「サイバー攻防体験学習ゲーム Cyship（サイシップ）」を開発し、優秀修了テーマに選ばれました。SecHack365 では、最先端の設備を見学できたり、セキュリティ技術をプロから直接学んだりすることができました。現在 25 歳以下でセキュリティも極めたいと思っている人はぜひ挑戦してみてください。

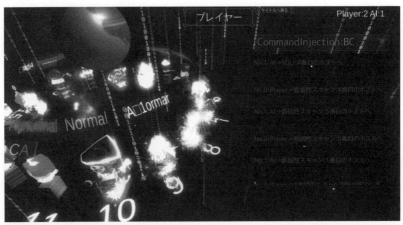

■サイバー攻防体験学習ゲーム Cyship

# 4 ▷ 課題を解決するための新しい力が求められている

## ┃ コンピュテーショナルシンキングとは？

　2020 年に、日本の公教育でプログラミングが必修化されるなど、子供向け教育としてもプログラミングに注目が集まっています。これは、先ほど述べた IT 技術者の不足もありますが、コンピュテーショナルシンキングと呼ばれる課題を解決するための新しい力に注目が集まっている、というのはご存知でしょうか。

　あまり聞かない言葉かもしれませんが、コンピュテーショナルシンキングとは、コンピュータ科学者の思考法です。計算論的思考と呼ばれることもあります。もともと、アルゴリズミック・シンキングと呼ばれていた思考法の現代版です。人によっていくつか定義が異なりますが、もう少し具体的に言うのであれば、ある課題をコンピュータサイエンスに則って考えて、適切に解決する方法です。コンピュータサイエンスに則ってとは、プログラミングを書いて、という意味ではありません。問題を抽象化して分析し、それに基づき問題解決を自動化するための手順（アルゴリズム）を作ることを言います。

　コンピュテーショナルシンキングという言葉を広めた Wing はすべての子供達の学ぶことに、「読み・書き・そろばん（算術）」の他にコンピュテーショナルシンキングを加えるべきだと主張しています[1]。コンピュテーショ

---

[1]：Computational Thinking: What and Why?
　　https://www.cs.cmu.edu/~CompThink/resources/TheLinkWing.pdf

ナルシンキングは、単にプログラムを書けることではありません。実際に、Wing はこのようなことを述べています。

> コンピュータ科学者のように考えるということは，コンピュータをプログラムできるということ以上の意味を持つ．複数のレベルの抽象思考が必要である
>
> *Wing 2010*

　コンピューテーショナルシンキングを子どもたちに育むために、各国がこぞってコンピュータサイエンスにつながるプログラミングを教えているわけです。イングランド、ハンガリー、ロシア、オーストラリア、フィンランドなどが代表となっています。プログラミングを学ぶことで、コンピューテーショナルシンキングを鍛えることが可能です。なぜならプログラムを書くためには、コンピュータ科学者のように考える必要があるからです。どういうことか、具体的に説明します。

　IoT の話を覚えていますか。現在の世の中のありとあらゆるものにコンピュータが入っています。人間は 1 つのことを行うのは得意ですが、1 億の同じ作業を行うのは無理ですよね。コンピュータにとっては、1 つの作業を行うのも、1 億の作業を行うのも同じです。コンピュータは単純労働が得意です。しかし、コンピュータが実行できる単位は小さいです。コンピュータは 0 と 1 しかわかりません。そのため、コンピュータが実行可能なように物事を変換してあげる必要があります。そうするとプログラムができ上がります。つまり、プログラムを作るには、コンピュータが実行可能なように物事を変換する力が必要になります。そのための思考法がコンピューテーショナルシンキングです。プログラミング技術を会得すると同時に、次世代の思考法、コンピューテーショナルシンキングを一緒に身につけていきましょう。

# 5 ▷ プログラミングは自己実現のための最強の武器

## インドが IT に強い理由

　インドが IT 大国と呼ばれていることをご存知でしょうか。インドのバンガロールは 2017 年にデジタル・シティ指標でアメリカのシリコンバレーを抑えて世界一位になっています。僕は国際会議の発表でインドのムンバイに行ったことがあります。インドが IT 大国に成長した理由の 1 つにインド独自の身分制度であるカースト制度があります。カースト制度では、身分によって就ける職業に制約が課されます。現在は憲法で否定されているのですが、習慣としてまだ根強く残っているとされています。しかしながら、IT にカースト制度は関係しません。新しく生まれた産業だからです。そのためインドの若者たちが IT 分野に参入していき世界で活躍しているわけです。

　幸いなことに、日本にはカースト制度はありません。しかし日本でも学歴による差はありますし、勉強が不得意だったり、コミュニケーションが苦手だったりすれば就ける職業に制約は課されます。なぜなら、採用担当者はあなたを過去でしか判断できないからです。しかし、プログラミングは実力の世界です。大学を出ているか出ていないか、何の教科が得意かなどは関係ありません。プログラミングの世界にあるのは、いい作品を作れるかどうかという公平な評価指標です。作品は市場で評価されます。市場に至っては、大企業か中小企業か個人かどうかも関係なくなります。

## ‖ プログラミングの世界は実力本位

　僕自身、身をもってそれを体験しました。大学4年生のときです。僕の作ったアプリが、GooglePlay の新着有料ランキングで4位を取りました。一位は誰もが知っているドラゴンクエスト、二位はファイナルファンタジーです。開発元のスクウェア・エニックスの社員数は 4000 人以上、一方僕は一人で、しかも一週間で作ったアプリでした。そんな、はたから見れば素人感丸出しの稚拙な作品でも、大企業と競うことができる。このとき僕は、プログラミングは自己実現のための最強の武器だと実感しました。この力を、あなたにも身につけて欲しいから、僕は本書を書いています。ぜひ最後までお付き合いください。

**GooglePlay4位のとき**

# 第2章

# プログラミングって
# 一体なんなのか?

　第1章では、プログラミングをあなたが学習する意義について述べてきました。プログラミングが今後も個人が持つべき技術として重要視されてくることがおわかりいただけたと思います。けれど、「プログラミングって一体なんなのだろう」と疑問に思う方もいらっしゃると思います。そこで本章では、下記の項目をお伝えします。

1. プログラミングってそもそも何?
2. プログラミングを使う職業は?
3. 60%の人間にはプログラミングの素質がない?
4. プログラミングで何ができるか
5. プログラミングでできる身近な事例

# 1 ▷ プログラミングって そもそも何？

　プログラミングとは日常に溢れているコンピュータ技術です。プログラムを書くことをプログラミングといいます。コンピュータ上のプログラムとは、「コンピュータがすることリスト」です。例えば、レストランの店員さんのマニュアルもプログラムと言えます。

1. 挨拶する
2. 何名か聞く
3. タバコを吸うか吸わないかを聞く
4. 吸うなら→喫煙席に案内する。
5. 吸わないなら→禁煙席に案内する。

　マニュアルが上から下に実行されるように、プログラムも基本的に上から下に実行されます。この上から順に実行されることを順次と言います。また上記の4行目、5行目のように、条件に応じて行動が分岐することを、条件分岐といいます。

1. コップに水があるかチェックする。
2. コップに水が無ければ、コップに水を注ぐ。

　また、このように繰り返す（1 → 2 → 1）こともありますね。特定の条件下（今回だと、コップに水がない状態）において、特定の処理（コップに水を注ぐ）を何度もすることを繰り返しといいます。プログラムの基本は、この順次と条件分岐と繰り返しです。どんな複雑なプログラムも、こ

の基本を使って動いています。

　身近なところで言えば、Web サイト、スマートフォンのアプリやゲーム、家電、ロボットなんかもプログラミングで動いています。例えば、Googleのホームページを見てみましょう。

🔖 Google の TOP ページ

　右クリックして、メニューから「ページのソースを表示」を押してみます[1]。すると、次ページの画面のように文字の羅列がたくさん出てきました。

　これはソースコードと呼ばれるプログラムです。Web ページはすべて、このようなプログラムで作られています。プログラミングが、身近なところに存在することがわかりますね。

---

[1]：これは PC 版 Google Chrome での操作です。
　Microsoft Edge では、右上の「…」をクリック後、開発者ツールからデバッガーを選択します。Safari では、メニューバーの Safari をクリックして「環境設定...」をクリックします。詳細タブの一番下にある「メニューバーに開発メニューを表示」にチェックをいれます。メニューバーに開発が追加されますから、開発メニューから「ページのソースを表示」を押します。
　Android 版 Chrome では、ソースコードを表示させたいサイトの URL の先頭に「view-source:」と入力して移動します。

<!doctype html> <html itemscope="" itemtype="http://schema.org/WebPage" lang="ja"> <head> <meta charset="UTF-8"> ます。さまざまな検索機能を活用して、お探しの情報を見つけてください。" name="description"> <meta content="noodp" name="robo <meta content="origin" name="referrer"> <title>Google</title> <script nonce="AhQJnJhPniRifkGG+7+GBA=="> (function(){ {kEI:'zgbsW4ChL4ym8AWH36KAAg',kEXPI:'31',authuser:0,kscs:'664f93d2_zgbsW4ChL4ym8AWH36KAAg',u:'664f93d2', {};google.startTick=function(c,b){var a=b&&google.timers[b].t?google.timers[b].t.start:google.time();google.timers[c]={t: (google.timers[c].wsrt=Math.floor(a.now()))};google.startTick("webaft");google.startTick("load");</script> <!--srt--> <scrip b;a&&(!a.getAttribute||(b=a.getAttribute("eid")));a=a.parentNode;return b||google.kEl};google.getLEl=function(a){for(var {return"https:"==window.location.protocol};google.ml=function(){return null};google.log=function(a,b,e,c,g){if(a=google.lo {delete d[f]};google.vel&&google.vel.lu&&google.vel.lu(a);b.src=a;google.li=f+1}};google.logUrl=function(a,b,e,c,g){var d=" (c=google.getLEl(c))&&(d+="&lei="+c));c="";!e&&google.cshid&&-1==b.search("&cshid=")&&"slh"!=a&&(c="&cshid="+go atyp=i&ct="+a+"&cad="+b+d+f+"&zx="+google.time()+c;/^http:/i.test(a)&&google.https()&&(google.ml(Error("a"),!1,{s c=Math.random();while(google.y[c])}google.y[c]=[a,b];return!1};google.lm=[];google.plm=function(a){google.lm.push.appl {google.lq.push([a,b])};});.call(this);google.f={};(function(){google.hs={h:true};})();(function(){google.c={c:{a:true,m:true,r a.addEventListener(b,c,!1):a.attachEvent&&a.attachEvent("on"+b,c);google.tick=function(a,b,c){google.timers[a]||googale d=0;d<b.length;++d)google.timers[a].t[b[d].clearcut={key:b[d],ts:c}];google.c.e=function(a,b,c){google.timers[a].e[b]=c {m:a});b[a]=!0};google.c.u=function(a){var b=google.timers.load.m;if(b[a]){b[a]=!1;for(a in b)if(b[a])return;google.csiRepo {c(b);b=d;a.addEventListener?a.removeEventListener("load",b,!1):a.attachEvent&&a.detachEvent("onload",b);b=d;a.addEv a.removeEventListener("error",b,!1):a.attachEvent&&a.detachEvent("onerror",b)};e(a,"load",d);b&&e(a,"error",d)};google. (google.timers.aftIIgoogle.startTick("aft"),google.timers.aft.t[a.idlla.srclla.name]=google.time())};google.c.b("pr");google.e {google.c&&google.tick("load",b)}]google.dclc=function(a){c.length?c.push(a):a()};function d(){for(var a;a=c.shift();)a()}} (document.addEventListener("DOMContentLoaded",d,!1),window.addEventListener("load",d,!1)):window.attachEvent&&wi [],m:function(a){google.jsc.mm.lengthll(google.jsc.mm=a)}};});.call(this);(function(){var k=this,l=Date.nowllfunction(){retur a.contains(d);if("compareDocumentPosition"in a)return a==dll!!(a.compareDocumentPosition(d)&16);for(;d&&a!=d;)d=d.pa d.call(a,b)}},B=function(a){a=a.targetlla.srcElement;!a.getAttribute&&a.parentNode&&(a=a.parentNode);return a},C="unde navigator&&!/Opera/.test(navigator.userAgent)&&/WebKit/.test(navigator.userAgent),E={A:1,INPUT:1,TEXTAREA:1,SELEC {A:13,BUTTON:0,CHECKBOX:32,COMBOBOX:13,GRIDCELL:13,LINK:13,LISTBOX:13,MENU:0,MENUBAR:0,MENUITEM:0,MENUIT REE:13,TREEITEM:13},G=function(a){return(a.getAttribute("type")lla.tagName).toUpperCase()in ba} H=function(a){return( {COLOR:!0,DATE:!0,DATETIME:!0,"DATETIME-LOCAL":!0,EMAIL:!0,MONTH:!0,NUMBER:!0,PASSWORD:!0,RANGE:!0,SEARCH:!0| {A:!0,AREA:!0,BUTTON:!0,DIALOG:!0,IMG:!0,INPUT:!0,LINK:!0,MENU:!0,OPTGROUP:!0,OPTION:!0,PROGRESS:!0,SELECT:!0,TEX b};l.prototype.h=function(){var a=this.g;this.g&&this.i?this.g=this.g.__ownerllthis.g.parentNode:this.g=null;return a

**◼️Google の Web ページのソースコード**

　身近なところから離れてみると、ロケットの発射制御もプログラミングです。実際、アメリカ初の惑星探査機であるマリナー1号は、ある理由で打ち上げ失敗になりました。その理由とは、プログラムに一文字、ハイフン『−』が抜け落ちていたから。ハイフン1つが、成功と失敗を分けてしまったのです。自分がそのプログラムを書いていたらと思うとゾッとしますね。とは言え、ゲームを作ったり、Web サイトを作ったり、ロケットの発射までできるなんて、ワクワクしませんか。まるで、魔法です。

　僕は月50冊以上の本を読む読書好きで、なかでもファンタジー小説が大好きです。ファンタジー小説と言えば、魔法ですよね。魔法は、知らない人から見れば不思議な力で動く便利な力。なんだかプログラミングと似ていると思いませんか。残念ながら魔法は魔法使いでなければ使えません。しかし、プログラミングは、書き方を理解してしまえば誰でも使えます。本書で一緒に、未来を作る魔法使いを目指しましょう。

# 2 ▷ プログラミングの知識が必要な職業は？

この節では、プログラミングの知識が必要な職業を紹介します。
プログラミングを使う職業は、多岐に渡ります。
その中でも特色ある 13 個の職業を紹介します。

## システムエンジニア（SE）

システムエンジニアは、システム開発の一連の流れに関わる職業です。
クライアントにヒアリングを行い、さまざまな製品の設計を行います。自
分でプログラミングを書くこともあれば、次で紹介するプログラマに依頼
する場合もあります。プログラマの上位職です。

## プログラマ

SE が作成した製品の設計書に基づいてプログラミングし、製品を作りま
す。プログラマが活躍できるジャンルは、家電からロケットまで多岐にわ
たります。エンジニアの世界では、まずプログラマから始まることが多い
でしょう。

## ネットワークエンジニア

　ネットワークとは、複数のコンピュータがつながって情報をやり取りする仕組みです。コンピュータ同士をケーブルや電波でつなぐわけです。ネットワークエンジニアは、快適な通信環境の構築や保守、管理を行います。

## サーバーエンジニア

　ネットワーク上でデータを提供しているコンピュータをサーバーと呼びます。たとえばあなたが見ている Web サイトもデータとしてどこかのサーバーから提供されています。サーバーエンジニアは、サーバーを設計・構築し、管理・保守します。

## データベースエンジニア

　データベースとは、検索したり蓄積したりしやすくするために整理された情報の集まりです。データベースエンジニアは、膨大なデータを管理するためのデータベースの設計・管理を行います。

## セキュリティエンジニア

　セキュリティエンジニアはサイバー攻撃からの対策など、情報セキュリティに特化した業務をおこないます。たとえば、個人情報の漏洩を防いだり、コンピューターウィルスの感染を防いだりします。昨今、特に人材不足が叫ばれている業種でもあります。

## 運用保守システムエンジニア

運用保守システムエンジニアは、サーバーやネットワークの障害による停止を防ぎます。ネットワークの障害の理由は、コンピュータの問題だけではありません。たとえば、海底の光ファイバーケーブルが鮫に噛まれて障害が発生したケースもあります。

## プロジェクトマネージャ

プロジェクトマネージャはチームを作りプロジェクトの全体の進行を管理します。予算や納期といった制限があるなかで、品質の高い成果を出すことが求められます。キャリアとしては、次にITコンサルタントがあります。

## ITコンサルタント

ITコンサルタントは企業の課題を洗い出し、IT戦略を策定して課題を解決します。提案がクライアントから承認されたら、要望をSEに伝え、SEが開発に取りかかります。ITコンサルタントには幅広い知識だけでなく、コミュニケーション能力も必要です。

## 研究者

企業の研究者と大学の研究者がいます。企業ではIT製品の新規開発や、新技術の開発に携わります。大学の研究者の場合、工学部以外の学部でもプログラミングの知識が必要となる場合があります。

たとえば、教育学部でITを使った新しい教育システムを作ったり、生物生産学部で動物の生態を分析するシステムを作ったり。

## ▍起業家

マイクロソフトを作ったビル・ゲイツや、フェイスブックを作ったマーク・ザッカーバーグなど、プログラミングの知識を持っている成功した起業家は少なくありません。理由の1つとして、自分でサービスを作れるので、初期コストが抑えられます。

## ▍ゲームクリエイター

ゲームの開発に関わる職種全般を言います。ゲームは様々な職種の人が力を合わせて作るため、実際は、ディレクターやプランナーなど細かく分かれます。ゲームを開発する際は、ゲームエンジン（効率的にゲームを作るツール）を使うことが主流です。漫画「東京トイボックス」を読むとゲーム開発現場の雰囲気がわかります。

## ▍個人投資家

一般的な株式投資をする投資家と、株式未公開のスタートアップ企業（短期間で急成長を目指す企業）に投資をするエンジェル投資家、どちらにしてもテクノロジーに精通していると有利です。また株式投資やFX（外国為替証拠金取引）を、AIなどを使って自動的に行っている投資家もいます。自分で自動化ツールを作る際にはプログラミングが必要です。

# 3 ▷ 60%の人間には プログラミングの素質が ない？

　プログラミングに文系や理系や素質は関係ありません。しかし、過去の研究成果を引用して、プログラミングには素質が必要だと主張する人もいるので、ここでご紹介しておきます。

## 「ふたこぶラクダ」とは？

　「ふたこぶラクダ」の論文をご存知でしょうか。「60% の人間はプログラミングの素質がない」ことを主張し、議論を呼んだ 2006 年の論文です（The camel has two humps）。なぜふたこぶラクダなのかと言うと、プログラミング学習者が、低成績と高成績の 2 つの山に分かれたからです。その成績は「構築したメンタルモデルを一貫して適用できるか」どうかで決まるという結論になりました。

　メンタルモデルとは、「こうすれば、こうなる」という頭の中の模型です。難しいものだけではなく「手に持っている物を離したら、落ちる」というようなものです。自分が作った規則とも言えます。一貫して自分の作った規則を適用できなかった層が 60% いるということです。

　もう少し詳しく説明します。実験を受けた被験者たちは、プログラミングを知らない学生でした。彼らには、以下のような問題が出されました。

```
int a = 10;
int b = 20;
a = b;
aとbの新しい値は何でしょうか：
```

　上記はプログラムですが、学生たちはプログラミングを知らないので思い思いに答えます。この問題の評価は、1つの規則を、複数の似たような問題に首尾一貫して適用できたかどうかです。つまり正解かどうかではありません。

　例えば、 a=b は値を交換することだ（誤）、と考えた人もいるでしょうし、a=b は a に b の値を入れることだ（正）、a=b は b に a を入れることだ（誤）と考えた人もいると思います。その考えた規則を、他の似た問題にも適用したのか、しなかったのか、が見られたわけです。その後 3 週間、学生たちはプログラミングの授業を受けて、また同じテストを受けます。その結果、最初のテストで一貫して規則を適用したグループは、プログラミングの伸びが高く、良い成績を取ったという実験です。

　この論文を鵜呑みにすると、プログラミングには素質があり、素質がなければ高成績は取れないとなります。しかしながら、この論文は撤回されました。この実験からだけでは、一貫したメンタルモデルを持っている生徒がプログラミングで高成績を取りやすく、そうでない生徒は低成績ということは言えない。つまり実験からは、プログラミングに素質が必要とは言えないと発表されました。実際に、今回の実験に限らず、学校のテストではこのようなふたこぶラクダ現象はよく起こるそうです。ただし、この実験で出てきたメンタルモデルは重要ですので、次章で詳しく触れます。


## ▌ 理系はやっぱり有利？

　プログラミングに素質は必要ありません。そもそも素質ってなんでしょうか。僕は素質だの才能だのをあまり信じていません。例えば、そんなものが仮にあったとして、赤ちゃんにプログラミングの天性の素質があったら、その子はプログラマになるべきなのでしょうか。素質がその子の人生を決める世界は、とても窮屈で洗脳的で吐き気がします。近い話で、僕は理系・文系のカテゴリー分けが嫌いです。いまだに君は文系だから、君は

理系だからという人がいます。なぜ嫌いかというと、自分の能力を制限してしまうからです。現在ではもう、理系文系の区別は無意味になりつつあります。枠に囚われない人材が重視される時代です。

とはいっても、プログラミング、コンピュータ、数学、聞いただけでいわゆる"理系"ですよね。だからといって、"理系"の人にしかできないかというと、絶対にそんなことはありません。いわゆる"文系"の学部の人で、素晴らしいプログラミング技術を持つ人を何人も知っています。ぜひ、まっさらな気持ちで学んでみてください。

僕は所属的にはバリバリの理系です。工学研究科で、博士号（工学）を取りました。しかし、中3の期末試験の数学は答案をすべて埋めて0点で、一番得意な科目は国語でした。国語の成績がよかったので、教師からは文系に行けと言われましたが、反発しました。当時の僕が興味のある分野は医学だったので、理系に進みたかったのです。得意・不得意で人生を決めるなんてもったいないですよね。素質・才能・理系・文系と言った意味のない言葉に惑わされないようにしてください。

プログラミングは、ITの前提知識がないとできないものだと思っている人が多いのではないでしょうか。もちろん、コンピュータの基礎知識や使い方などの知識は必要にはなりますが、基本的に前提知識がなくてもできるものです。僕の運営するスクールでは、コンピュータをほとんど触ったことのない小学生や中学生、高校生がプログラミングを学んでいます。彼らのほとんどが、挫折することなく、プログラミングで自由に作品を作れるようになるほどまで成長しています。プログラミングは、正しい学び方をすれば誰にでも使いこなせる技術です。ぜひ楽しんで学んでください。

次の節では、プログラミングで、具体的に何ができるようになるかを紹介します。

# 4 ▷ プログラミングで何ができるか

　プログラミングができるようになると、結局何ができるようになるのでしょうか。それは作品づくりです。プログラミングは、自分のアイデア、想像を形にできるツールです。さらに言うならば、自己実現のための最強の武器だと僕は考えています。

　例えば、「僕は素晴らしいアイデアを持っている」という人がいます。その人のアイデアは確かに素晴らしいのですが、他の人に伝わりません。誰もが理解できるようにするためには、形にする必要があります。プログラミングは、アイデアに形を与えて、世界中の人が触れるようにすることができます。ビジネスの世界でも、形にすることは重要です。それは、世界中のIT企業が集まるアメリカのシリコンバレーでも学びました。

　僕はシリコンバレーで現地の有名な起業家の方に発表する機会がありました。そこで強調して言われたことは、実際に触れる試作品や試作品の動きを撮ったデモ動画の重要さです。アイデアを他の人に伝える一番いい方法が、実際に触ってもらったり、動いている様子を見せたりすることだからです。プログラミング技術があれば、簡単に試作品を作ることが可能です。プログラミングによって、自分だけが考えていた未来の世界を、相手にも共有することができます。事実、SFの世界が今やプログラミングによって現実化されています。その事例を、いくつかご紹介します。

## 囲碁で人間に勝つ人工知能

　2017年、最強の棋士と言われている柯潔（カケツ）氏にDeepMind社が開発したソフト、アルファ碁が勝利しました。

　このニュースは知っている方も多いと思います。なぜ囲碁で盛り上がるかというと、囲碁はAIにとって最も難しいゲームの1つと言われていたからです。なぜ難しいかと言うと、探索範囲が広く（19×19マス）、盤面の評価が難しいからです。アルファ碁は、19×19の盤面を画像とみなして、プロ棋士たちの16万局を学習しています。そして、その後学習した自分同士で1日128万局の対戦を行いさらに学習。そしてその後、先読みができる仕組みも実装され最強の囲碁AIが誕生しました。アルファ碁はもちろんプログラミングで作られています。

　また、2017年に発表されたアルファゼロは、なんとルールだけ学び後は自己対戦だけで、チェス・将棋・囲碁の最強ソフトを打ち破っています。

## どんな人の声でも真似できるアルゴリズム

　グーグルは2017年に文字と音声の変換システム「タコトロン2」を発表しました。タコトロン2は人の音声と区別できないほど流暢に話します。

　一般的なAIによる音声を作る（音声合成と言う）仕組みを紹介しましょう。例えば、僕の声を音声合成で作るとします。まずAIに僕の声を含むたくさんの人の声を入力します。その入力をもとに、音声を作り出します。当然、僕の声とはかけ離れた声が出るのですが、どのくらい差があるかをAIは計算できます。その差の計算をもとにまた声を作り出し、また本物の声と比べて……これを繰り返すことで、本物の僕と似た声を作ることができます。アニメ名探偵コナンに出てくる蝶ネクタイ型変声機が将来作られそうですね。音声合成もプログラミングで意外と簡単に作ることができます。

## 爆弾ではなく、血液を運ぶ医療用ドローン

　ドローンを知っていますか。ドローンとは「無人航空機」です。人が乗って操縦はしないけれど、空を飛ぶ機体です。今までのドローンは、遊び用か軍事用が主流でした。しかし、ドローンを医療に使っている会社があります。Zipline です。主にルワンダで、血液をドローンで運搬しています。

　このドローン、誰が操作しているかというとプログラミングされたコンピュータが操作をしています。飛行経路などを計算しているわけです。ドローンのプログラミングって難しそうですよね。けれど、実は誰でもできます。僕自身、ドローンをスマートフォン上でプログラミングして広島の公園で飛ばしたことがあります。プログラミングの基礎知識があれば、ドローンの自動操縦だってできてしまいます。あなたならドローンに何をさせますか？

## 無人でモノを売る自動運転車

　SF の王道、自動運転車。実は自動化レベルで分けられていることはご存知ですか。LV0：手動から始まり、LV1：補助、LV2：部分的な自動化、LV3：条件付き自動化、LV4：高度な自動化、LV5：完全自動化となっています。

　これらは SAE（自動車技術会）インターナショナルが定めました。国内でも LV2 の機能を持った車はすでに発売されています。例えば、自動的に速度や車間距離を維持する機能やステアリングアシストで車線内の走行を維持する機能です。LV2 だとまだ SF には程遠いですが、Moby というスウェーデンの企業が開発した自走式の移動食品販売車はまさに未来です。無人で自動の車が運んで来た食品を、スマートフォンを使って購入することができ、決済まで自動で行われます。現在テスト段階でまだドライバー

がいるそうですが、すでに上海でテストされているとのこと。国内でも SB ドライブの自動運転バスはすでに LV4 段階。ワクワクしますね。

　自動運転にももちろんプログラミング技術が使われています。特にディープラーニングと呼ばれるいわゆる AI 技術が使われています。もしかしたらあなたが、自動運転車を実現するプログラマになるかもしれません。

## 技術を共有できるロボット

　シンギュラリティという言葉をご存知でしょうか。技術的特異点と訳され、AI 自身の「自己フィードバックで改良、高度化した技術や知能」が、「人類に代わって文明の進歩の主役」になる時点のことを指します。AI 自身が自分より賢い AI を作られるようになったとき、再帰的に賢い AI が作られていきます。例えるならばドラえもんが、自分より賢いドラえもんを自分で作るようになるときです。

　その先駆けとなるような事例があります。それが C-LEARN です。C-LEARN は MIT のコンピュータサイエンスと人工知能研究所（CSAIL）の研究者が開発しました。C-LEARN を使用すると、プログラミングの経験がない人でも、タスクに関する基本的なルールを提供することで、ロボットにパンをバケツに落としたり、コンテナから棒を引っ張ったりといったタスクの実行方法を教えることができます。そして、ロボットはこの新たに取得した知識を別のロボットに転送できます。シンギュラリティの足音が聞こえてきそうな事例ですね。このようなロボット制御もプログラミングで行われます。

# 5 ▷ プログラミングでできる 身近な事例

　未来の話は楽しいですが、プログラミングって難しそうだなと感じられたかもしれません。実際に本書の学習法を使って、作ることができる身近な事例を紹介します。

## ゲーム

　ゲームはプログラムでできています。僕はゲームがプログラミングで作られることを知ったとき、心底驚き、ワクワクしました。信じられますか、綺麗なグラフィック、壮大な世界、躍動するプレイヤー。全部プログラミングで、0 と 1 の電気信号で作られているなんて。ゲームを作ってみるとわかりますが、ゲームをプレイするより、作るほうが何倍も楽しいです。

　あなたのゲームの世界で、あなたは神です。登場人物の人生も思い通り、どんなルールも作れます。ゲーム好きな人はプログラミングを学ぶことでよりゲームを楽しめます。ゲームというと何百時間も作成にかかるイメージですが、それは大きなタイトルの話です。ブロック崩しのように簡単なゲームなら 1 日で学びながら作ることができます。

## スマートフォンアプリ

　スマートフォンのアプリもプログラミングで作られています。僕も大学時代に 40 点以上のアプリを作ってリリースしました。一度作り方を覚え

ると、簡単なアイデアなら設計から実装、リリースまで3日でできます。実際、僕が全国ランキング4位を取ったアプリは、一週間で開発したアプリでした。自分の考えたアイデアを直接的に形にして、その中でもアプリ開発は短期間で世の中の人に送り届けることができる方法の1つです。アプリ開発はとても夢があると思いませんか。

## デスクトップアプリ

デスクトップパソコン向けアプリも当然作れます。普段使う、Word やExcel も全部プログラミングでできているって面白いですよね。例えばWeb サイトを見るために使っているブラウザ（Google Chrome やMicrosoft Edge、Safari など）だって作ることができます。自分専用のブラウザを作ることも楽しそうですよね。

## Web サイト

Web サイトもプログラミングで作ることができます。最近は、プログラミングなしで Web サイトが作れる便利なサービスも出てきました。しかし、どうしてもこだわっていくと、こんな機能をつけたい、こんなことを Web サイトで表現したいという欲求が出てきます。そんなとき、自分でちゃちゃっと変えられたらいいですよね。

それに、IT に疎い人でも、自分の Web サイトが欲しいという人はいます。身近な人の課題を解決できるのもいいですよね。僕も Web サイトは20 個以上作ってきました。大学や学会の Web サイト、議員の選挙用のWeb サイトを作ったこともあります。

## ロボット

　ロボットや車、ロケットもプログラミングで制御されています。普段の
プログラミングは画面の中だけですが、現実世界のロボットが動くと、ま
た違った楽しさがあります。僕はシャープのロボホンや、PLEN というロ
ボットをプログラミングで動かしたことがあります。自分の頭の中では動
くけれど、現実世界だとロボットの可動域を超えていて想像通りに動かな
いというような制限はありますが、実世界でロボットが動くのを見ると感
動します。ロボットを作れるってワクワクしますよね。

## デジタルアート

　アートもプログラミングの力を使う時代になりました。デジタルアート
ではありませんが、AI が描いた絵が 4900 万円で落札されたなんてニュー
スもありましたね。作曲や、囲碁など、人にしかできないと思われていた
ことがどんどんコンピュータにできるようになってきました。
　他にも、例えば Blender という 3D モデルを作るソフトでは、プログラ
ミング言語の Python を使って 3D モデル生成の自動化が行われています。
個人的にはコンピュータが作った仮想世界の社会が見たいですね。囲碁や
将棋でコンピュータが新手を生み出したように、今の社会で採用されてい
る資本主義や議会制度に変わる新しい仕組みが出てくるかも知れません。
コンピュータの答えを聞いてみたいですね。

## 暗号資産（仮想通貨）

　実は暗号資産もプログラミングでできているので作ることができます。
しかも多くの仮想通貨はオープンソースといって、プログラムが公開され

ているので、それを基にすれば簡単に作れます。ただし、その通貨を使ってくれる人を増やすことは大変です。将来、通貨を発行して国家ごっこをする子どもたちが出てきたりして。

## コンピュータ

コンピュータ自体も作ることができます。今まで紹介した例は、実はコンピュータの一部にすぎません。実際に僕たちが書いたプログラムがコンピュータ上でどのように解釈され、実行されるのか。さかのぼっていくと、NAND や NOR といった論理ゲート（回路）から、コンピュータを作ることができます。

コンピュータを構成する部品の中には、OS（オーエス）やプログラミング言語自体も含まれます。OS は、オペレーティングシステムといって、コンピュータの基本的な機能を提供してくれます。例えば、キーボードで入力したら画面に文字が出ますよね。これはOSの機能です。有名なOSは、Windows や macOS、Linux です。

Linux OS はコアの部分（カーネル）とソフトウェア群でできており、これらをディストリビューションと呼び、様々な種類が存在します。なかにはサイバーセキュリティ専門のディストリビューションもあったりします。メニュー欄にパスワード総当たり攻撃と書いてあるって聞いたら驚きますよね。OS も作ることができます。また、これから学ぼうとしているプログラミング言語自体も作ることができます。詳しくは作品別プログラミング学習法「コンピュータサイエンス」で後述します。

このように、プログラミングで作れる物は数多くあります。最後の方に紹介した、プログラミング言語や OS など、コンピュータサイエンスを学ぶことで作れる物の幅も増えてきます。

作品づくりができて、コンピュータサイエンスの入り口にもなること、それがプログラミングを学ぶ大きな理由だと僕は思います。

　プログラミングを学ぶことは、みなさんの将来にとって重要なだけでなく、アメリカにとっても重要です。 アメリカが最先端であるためには、プログラミングや技術をマスターする若手が必要不可欠です。新しいビデオゲームを買うのではなく、作ってください。

　最新のアプリをダウンロードするのではなく、設計してください。

　それらをただ遊ぶのではなく、プログラムしてください。誰もがプログラマーとして生まれたわけではなく、少しのハードワークと数学と科学を勉強していれば、プログラマーになることができます。あなたが、誰であっても、どこに住んでいてもコンピューターはあなたの将来において重要な役割を占めます。

　あなたがもし勉強を頑張れば、その未来は確かなものとなるでしょう。

アメリカ合衆国 大統領　バラク・オバマ

# 第3章

# プログラミングが
# できるようになるための
# ９つの学習ステップ

この章では、プログラミング学習の基本9ステップを紹介します。

1. プログラミングを学ぶ目的を作る
2. 自己評価を上げる
3. 作りたい目標を決める
4. 作りたい物のための知識を得る
5. 写経の次は改造して遊ぶ
6. 得た知識を組み合わせて作品を作る
7. 作品を公開して改善する
8. 人に教える
9. インタリーブで学習をより効果的にする

　最初の3つの精神論的なところは不要だと思う人もいるかもしれません。けれど考えてみてください。何を学ぶかの方針を決めることは重要です。例えば大学受験をするとして、受験には体力が必要だと聞いたので、受験日までひたすらマラソンだけをやってきましたって人がいたら、それじゃ方向性が違うよって思いますよね。プログラミング学習でも同じことが言えます。目的によって、学ぶべきルートが変わってきます。目的や目標と行動を合わせる必要があります。それでは学習ステップを順番にお伝えします。

# 1 ▷ プログラミングを学ぶ目的を作る

　まずは、プログラミングを学ぶ目的を作りましょう。目的とは、なにを作りたいかです。それによって何を学ぶかもおのずと決まってきます。作りたいものによって学ぶ内容も変わってきます。例えば、Webサイトを作りたいなら、「HTML, CSS, Java Script」。ゲームを作りたいなら、「C#」。AI（人工知能）を作りたいなら、「Python」。それぞれプログラミングのための言語です。このように作りたいものによっておすすめの言語が変わってきます。今出てきた言語については次の章で解説しているので、わからなくても気にしないで下さい。

　プログラミングを学ぶ目的は、以下の項目を満たすことを意識しましょう。

1. 今の自分ではどうやったら達成できるか想像できない
2. 他の人（周りや保護者など）から言われた目的ではない
3. その目的を達成している状況を想像するとワクワクする

　目的をいきなり決めるのは難しいかもしれません。まずは以下の質問の答えを考えてみましょう。

　　**Q. 何の制限もなく、どんなものでも作れるとしたら、何を作り出したいですか。**

　この答えが、目的になります。答えはいくつあってもいいので、リストにしてみましょう。アプリでもいいですし、ゲームでも、ツールでもなん

でもいいんです。これを僕は作りたいものリストと呼んでいます。自分だけの作りたいものリストを、日々更新していきましょう。作りたいものリストの中でも、これは絶対に作りたいというものを1つ選んで、目的としましょう。

　以下に作りたいものリストの例を紹介します。

- 人間の意識がアップロードされた仮想社会
- 五感で体験できるゲーム
- すべてがオンライン上で行われる仮想電子国家
- OSも1から作った自分だけのオリジナルコンピュータ
- 世界中の人たちが楽しんで学べる学習ゲーム
- ドラえもんのような汎用的人工知能を搭載したロボット
- テレポーテーション
- 未来へ行けるタイムマシン
- 恐怖で人が失神するレベルのホラーゲーム
- 世界中の人が使うSNS
- 好きな人の思考がわかるアプリ
- おばあちゃんの介護をすべて任せられるロボット
- 人に知識をインストールできるデバイス
- すべての起こりうる病気がわかるDNA分析システム
- どんな料理でも作れるロボット
- 誰でも絵が上手になる学習サービス
- 退屈な仕事を代わりにしくれるツール
- 自分に必要な情報を集めてきてくれるアプリ
- 子供でもすぐに使えるプログラミング言語
- その日の気分に応じて小説を書いてくれる人工知能
- 自動運転車
- 実物に触れて操作できるユーザーインターフェース
- 覚えなくていい新しい認証方法
- 人体のプログラミング言語
- パートナーと予定を共有できるアプリ
- 自分に最適なファッションを教えてくれるアプリ
- 貧困層の子供が稼げるWebサービス

　などなど。

　作りたいものを考えるときに、お勧めのサービスがあります。

　それが、生活総研の未来年表です。未来年表とは、未来予測関連の記事やレポートから「○○年に、○○になる」といった情報のみを 厳選し、西暦年や分野ごとに整理した未来予測のデータベースです。

　下記は、未来年表から情報カテゴリを選択した図です。見ているだけでワクワクしてきますね。あなたは何を実現しますか？

# 2 ▷ 自己評価を上げる

　目的を決めることができたら、その目的を自分が達成できると信じましょう。実はこれが、勉強が続くかどうかの重要なポイントになってきます。この、自分は目的を達成する能力があるという、自分への評価を自己評価と言います。自己評価が低いと、途中で断念しやすくなってしまいます。自己評価を高く保つには以下を意識しましょう。

・目的を達成している様子を想像して、現状とのギャップを感じる
・過去を行動の根拠とせず、未来を根拠に行動する
・他の人に目的を言わない
・自己評価の高いコミュニティのように、自己評価の高い環境に身をおく
・失敗したときに「やっぱり自分はだめだ」ではなく「自分らしくない」と呟く

## 目的を達成している様子を想像して、今の自分とのギャップを感じる

　作りたい作品がすでにできている様子を想像してみましょう。きっととても幸せな気持ちになると思います。しかし、その気持ちで満足してしまうと、やる気が無くなります。今想像した未来と、現在の自分の状況にギャップを感じましょう。想像した未来が離れていれば離れているほど、作る意欲が出てきます。

　そして、そのギャップをどうやったら埋められるのかを逆から計算をしてみましょう。これを後方プランニングと言います。ゲームアプリを作る（ゴール）→プログラミング言語で作る→プログラミングを勉強する→な

んの言語でできるのかを調べる。という大まかな流れができると思います。一見気が遠くなるように思えてもまずは流れを明確にして今何をすれば作れるようになれるのかがイメージできれば挫折や中だるみをせず一番楽しい形でプログラミングを勉強できて、かつ使えるようにもなります。

## 過去を行動の根拠とせず、未来を根拠に行動する

　過去を根拠に行動することはやめましょう。「過去に自分はこんな人間だったから、将来的にこんなことはできないだろう」という考えは無意味です。過去に数学ができなかったから、プログラミングもダメだろうと思うことはやめてください。

　僕自身は中学生の頃に不登校の時期がありました。教師からクラスの前で立たされて「お前は学校に必要ない」と言われた経験があります。中学3年生の期末試験で、数学は答案を全部埋めて0点でした。そこで僕が、自分は社会不適合者だから世間に迷惑をかけずにひっそりと生きていこうと考えるのが、過去を根拠にする生き方です。あのとき、僕は過去を根拠にせず、達成したい未来に目を向けました。その結果、いまの自分があります。過去を根拠にせず、未来を根拠にして生きましょう。

　今、この瞬間は数秒後には過去になっています。時間は、未来から過去に流れていると考えることができます。流れ去った過去を根拠に今を生きるのは不合理です。それよりも、自分が将来こういう物を作る、だから今の自分はこういう活動をしていこうと今を生きる方が楽しいですよね。ですから、過去を気にせずに物づくりに取り組むことが重要です。

## 他の人に目的や目標を言わない

　子供の頃は、誰しも人生目標を持っていました。「プロ野球選手になりたい」、「宇宙に行きたい」、「歌手になりたい」。みんなそれぞれ、様々な夢を

持っていました。しかし、歳を重ねるごとに夢を失っていく人が後を絶ちません。いったいなぜ夢を失ってしまったのか。それは、周りに否定する人がいたり、否定する情報があったりしたからです。特に、親や学校の先生に夢を否定された経験を持っている人は多いと思います。圧倒的強者から否定されることに、対抗できる人は少ないです。

　厄介なのは、親が良心から子供の夢を否定することです。親は子供の幸せを願い、人生についてアドバイスします。そしてそれが、子供の夢を否定してしまいます。大人になっても、周りに否定されることで、辞めてしまいたくなることは多いです。ですから目的を決めたら、秘密にしておきましょう。周囲に言うと、ちょっとした否定的な言葉で嫌になるからです。

　例えばまだプログラミングを学んでいないあなたが、世界中に使われて人々を熱狂させる美しいコンピュータを作ります！と言ったら、周りは即座に笑い飛ばすでしょう。言うだけ無駄ですし、周りを説得する時間も無駄です。知っている方もいらっしゃるかもしれませんが、ソフトバンクの孫正義社長にはこんな話があります。まだ、彼の会社がスタートアップでマンションの１室しかなかった頃、アルバイトにこう言ったそうです。

**「ソフトバンクは１兆、２兆と数えてビジネスをやる会社になる。」**

　当時二人しかいなかったアルバイトは、それを聞いても信じず、結局やめていったそうです。しかし、ソフトバンクは日本の歴史上もっとも最速で１兆円企業になっています。

　自己評価を下げてくる人とは、できるだけ関わらないことが吉です。自分を心から応援してくれる、自己評価を高め合える関係の人の人になら、目標を言ってもいいでしょう。もしくは、自分が周りから否定されても気にならないくらい、自己評価が高くなれば、言っても問題ありません。

## ▍自己評価の高い環境に身をおく

　自分の目的を言っても否定されないようなコミュニティがあれば、そこに入れると最高です。物づくりが好きな人が集まるコミュニティのようなところに積極的に探して入ってみましょう。学生でしたら、🌐 MAKERS UNIVERSITY がおすすめです。

▼MAKERS UNIVERSITY
🔗 https://makers-u.jp/

　MAKERS UNIVERSITY は「全校生徒、革命児」をキャッチコピーに、10年後の世界の主役になる未来のイノベーターを育てる私塾です。ここには自己評価の高い人達が集まっています。僕も3期生として参加しました。他にも良いコミュニティはいくつもあると思います。ぜひあなたにあったコミュニティに参加してみてください。

## ▍失敗したときに「やっぱり自分はだめだ」ではなく「自分らしくない」と呟く

　行動には失敗がつきものです。失敗は素晴らしい学びを得ることができます。しかしながら、失敗したときに「やっぱり自分はだめなんだ」「自分には才能がないんだ」と思ってしまうと、自己評価が下がり、やる気も無くなってしまいます。失敗したときは、「こんな失敗するなんて自分らしくないな」と考えるようにすると、自己評価が下がらないのでおすすめです。実際僕もこの方法で遅刻グセを治すことができました。自分を過度に責めずに、未来について考えられるので有意義な考え方だと思います。ただし、この方法を嫌いな人もいます。自分の信念と違う、受け入れられない、と思ったら無理に取り入れる必要はありません。

# 3 ▷ 作りたい目標を決める

　目的が決まったら、さらに具体的な目標を決めていきましょう。目的の段階で、具体的に作りたい物が決まった人は、そのアイデアでOKです。目的が例えば抽象的で、作り方すら想像つかない場合は、知識を得ること、一般的な技術力をつけることで、達成方法が見えてくると思います。知識を得ること、技術力をつけるためにも目標が大切です。その場合は、以下の4つの方法を参考にして目標を作りましょう。

・すでにあるサービスをコピーした作品
・身近な課題を探して解決する作品
・周りの人の課題を探して解決する作品
・コンテストに応募する作品を目標にする

## すでにあるサービスをコピーする

　すでにあるサービスをコピーして作ってみるのはとても勉強になります。今、あなたが使っているサービスを作ることを目標としてみるのはどうでしょうか。例えばTwitterだったり、ポケモンGOだったり。Twitterは140字しか打てないから、1000文字打てるTwitterを作ってみよう、というように、変えたい部分があるとより良いですね。
　ポケモンGOなんて複雑なサービスは作れないよ、という思考はやめてください。実は意外と作れてしまうものだったりします。ポケモンGOの作成に使われている3DゲームエンジンUnityも、後の章でご紹介します。

作れないものはないですし、完璧にコピーする必要はなく、一部の機能だけでいいので、自分に限界を作らずに目標設定をしてみましょう。

## ▌身近な課題を探す

　身近な課題を探して、その課題を解決する作品を作ってみましょう。課題を探すときに重要になる考え方が、課題はそのまま解決策とは限らないということです。

> 　昨年、4分の1インチ・ドリルが100万個売れたが、これは人びとが4分の1インチ・ドリルを欲したからでなく、4分の1インチの穴を欲したからだ
>
> 　　　　　　　　　　セオドア・レビット　マーケティング発想法より

　つまり、「ドリルを買いに来た人が欲しいのはドリルではなく穴である」ということです。このように、課題をそのまま捉えるのではなく、その人が本当に望んでいるものは何かを考えることが大切です。「The Job Story Format」という形式に当てはめて列挙してみましょう。「The Job Story Format」とは、「○○なとき、○○したい。そうすれば○○できる。」という形式です。

**　　例：イベントを開くとき、興味を持ってくれそうな人皆に宣伝したい。そうすれば、イベント参加者が増える。**

　そして、挙げたものに対して、なぜできないのかという課題を探してみましょう。

**　　課題：イベントに興味を持ってくれそうな人がわからない。**

　課題が見つかったら、それを解決するサービスを考えてみましょう。これは僕が enPiT という高度 IT 人材育成プログラムに参加したときに、産業技術大学院大学の永瀬先生から学んだ考え方です。この考え方はとても再現性が高く、重宝します。

## 周りの人の課題を探す

　自分の周りの人、例えば親や友達などの課題を聞いてみましょう。作品が完成したときに、その人達が喜ぶ姿を想像すると、学ぶ意欲は段違いです。周りの人の課題を聞くときは、ひたすら聞き役に努めましょう。聞く段階で、それは作りたくないとか、こっちを作りたいと誘導してしまうと、その人が欲しいものではなくなります。

## コンテストに応募する作品を目標にする

　応募したいコンテストがあったら、そこに出す作品作りを目標とすることもおすすめです。コンテストに関しては、「コンテストに応募しよう」の章を参考にしてください。

## 目標を具体化する

　さて、作る目標は決まったでしょうか。目標を決めたら、それをより具体的なものにしましょう。そこで使える方法が、MAC の法則[1] です。MAC とは目標設計において重要な要素の頭文字を取ったものです。

[1]：メンタリストDaiGoの「心理分析してみた！」｜準備ですべてが決まる！科学的に正しい準備「MAC」を使いこなすには

1. Measurable（メジャラブル：測定可能性）
2. Actionable（アクショナブル：行動可能性）
3. Competent（コンピテント：適格性）

　まず、Mの測定可能性です。目標は数字で測れる形にする必要があります。例えば、「ゲームを作るためにプログラミングをがむしゃらに頑張る」という目標は果たして達成できるでしょうか。「がむしゃら」「頑張る」が具体的ではなく、何を目指せばいいかわかりませんね。"ゲーム作りに関するプログラミングの本を1冊読む"という目標だったら、今どこまで読んでいるかが指標になります。

　次に、Aの行動可能性です。これは目標達成までのプロセスを具体化することです。ゲームを作りたい場合、まずゲーム作りに何が必要なのか知る必要があります。そして、まずは簡単なゲームを、本を見ながら作ってみます。その後、自分の作りたいゲームを作ります。

　最後に、Cの適格性です。目標が自分の価値観に合っているか、という点が重要です。例えば、目標を"ゲームを作ること"にしたとしても、あなたがゲームは時間の無駄で嫌いだという価値観を持っていたら、きっとその目標を達成しようとは思えないでしょう。しかし、あなたが好きなゲームがあり、そのようなゲームを自分でも作ってみたいという思いがあれば、ゲームを作ることは目標としてきっと機能すると思います。

　2011年のオランダのアイントホーフェン工科大学の研究チームによって、MACの法則を守ることで目標の達成率が上がることがわかっています。

# 4 ▷ 作りたい物のための知識を得る

　これまでの説明で、作りたい目標は決まりましたか？　次は、何を学ぶ
かを決めていきましょう。作りたいもの別に、次の8つのカテゴリーに分
けました。

- Webページ
- Webアプリ
- 作業自動化ツール
- ゲーム
- AI
- スマホアプリ
- VR・AR
- 暗号資産

　作りたいカテゴリーはありましたか？　もちろん、このカテゴリーはす
べてを網羅したものではありません。ここで紹介したカテゴリーに関して
は、次章でそれぞれの知識や学び方について詳しく紹介しています。

　作りたいものが決まり、そのために何を学べばいいかもわかった次の段
階は、実際に知識を獲得することです。何を学べばいいかは次章で詳しく
書いてあります。知識の獲得手段としては、以下があります。

1. 書籍
2. Webページ
3. Webサービス
4. プログラミングスクール
5. 大学

## プログラマになるために大学に行く必要はない

本書では独学する人を主な対象にしているため、プログラミングスクールや大学は考慮に入れません。ただし、1人だと続かないという人にはスクールはおすすめです。大学は、プログラマを育成する場所ではありません。そのため、工学部に入ったからと言ってプログラミングができるようになるとは限りません。むしろ非効率な学び方で、プログラミングが嫌いになる可能性もあります。実際、僕の周りの工学部生はほとんどがプログラミング嫌いです。

ですから、プログラマになっても工学部卒業生には勝てないと考える必要はありません。一から自分で始めた人のほうが、工学部卒業生より優秀なプログラマになる可能性も大いにあります。

では、プログラマとして働くには学位は不要かというと、残念ながらこれは一概には言えません。就職の際は工学部卒が優遇される会社はあると思います。それに加え、工学部卒生はプログラミングに加えてコンピュータサイエンスの基礎を習っているという強みがあります。しかしながら、優秀なプログラマになれば工学部卒ということは関係なく引く手あまたですから、本書で学習法を学び、作品を作り、圧倒的な実績を作っていきましょう。

## 知識の獲得手段

独学における知識の主な獲得手段は、以下の3つになります。

1. 書籍
2. Webページ
3. Webサービス

　この中でも、僕は書籍をおすすめします。しかし、書籍だけに絞る必要はなく、必要に応じて Web ページや Web サービスも使っていくと良いと思います。書籍をおすすめする理由は、体系的に一流のプログラマから低コストで学べるからです。ただし、書籍はすべてを読む必要はありません。自分の作品作りに必要なところを読んでいきましょう。

## プログラムを書くことの重要さ

　書籍を使うにせよ、Web ページを使うにせよ、重要なことがあります。それは、載っているプログラムは実際に書いて動かしてみるということです。なんだ、当たり前じゃないかと思うかもしれません。しかし、ついつい読んで理解できるから、書かなくていいやと考えてしまいます。なぜ書くことが重要なことかを説明します。

　そもそも、学習とはどのようなときに起こるのでしょうか。学習者がした行為とその認識に対する予測結果にズレがあったときに学習は起こります。誤解を恐れずに言えば、間違えることで学習は起こる、ということです。ですから、書籍や Web ページを読みながら、実際に載っているプログラムを書いて動かしてみることが大切です。動かすことによって、間違いに気づきます。また、学習において重要なもう 1 つの要素が、学習者の行為に対する即時的なフィードバックになります。

## フィードバックの重要さ

　即時的なというのは、フィードバックは早い方が良いよねということです。中学校の期末試験を思い出してください。試験を解いた後、答案用紙が返ってくるのは約一ヶ月後ですよね。その頃には、「どんな問題だったっけ」と、内容を忘れてしまっていますよね。期末試験が、その場で採点さ

れて答案用紙が返ってきたら、より学びにつながることは想像できると思います。

ガリペリンの知的行為の多段階形成理論 [1] という、「何らかの知的行為を獲得するには、このような段階が必要だよ」という理論があります。その理論においても、実際に学習者が行為を行い、フィードバックを受け取ることの重要性が言われています。例えば、英単語アプリを使って英単語を覚えることを考えてみてください。問題が出されて、正誤が返ってこなかったらどうでしょうか。

　　アプリ：「Diversityの意味を答えよ」
　　自分：「多様性かな？」
　　アプリ：「かもね。次の問題です。」

これだと学びになりませんよね。最低限のフィードバックとして正誤が返ってくる必要があります。プログラミングは、実際にプログラムを打ち込んで実行することで、望む結果が出たかどうかのフィードバック、つまり正誤のフィードバックが返ってきます。そのため、実際にプログラミングをして動かすことが効率的な学習につながります。

たとえば、C言語でHelloと画面に表示（出力）したいときに、「printf("Hello")」と書くと、エラーが出ます。正しくは、「printf("Hello");」と、最後に；を入れる必要があります。プログラミングは実際に動かしてみることで、このように少なくとも正誤のフィードバックが返ってくるため、とても学びやすいです。また、エラーが出た場合はたいていエラー文という、なぜエラーなのかを示したフィードバックが返ってくるため、書いて動かせば動かすほど学びにつながります。

このように、書籍やWebページなどのプログラムを実際に自分で写して動かすことを写経といいます（仏教の、経典を書写する写経とはまた違う意味の写経です）。

---

[1]：「知的行為の多段階形成理論」研究覚書、駒林邦男
　　　https://core.ac.uk/download/pdf/144253279.pdf

## 写経で注意する点

　写経は必須ですが、注意する点があります。写経で注意することは、何も考えずに見たまま写しても学習効果は低いということです。例えば、英語を勉強しようと思ったときに、何も考えずにひたすら英語を紙に写したところで、英語の文章を作れるようになるでしょうか。なりませんよね。ですから、何も考えずに写して実行する写経はやめましょう。

　書きながら、この「import」っていつも最初に書いてあるな、とか、普段は文字列なのに、数値が入っているな、とか、類似点や相違点を探しながら写すことが大切です。なぜ大事かと言うと、それによりメンタルモデルが作られるからです。

## メンタルモデル

　メンタルモデルとは、「こうすれば、こうなる」という頭の中の模型です。例えば、

```
printf("this is a pen");
```

というプログラムを動かしたときに、画面に「this is a pen」と表示されたとします。ではこのプログラムを変更して、画面に「this is an apple」と表示されるようにしてみましょう。勘の良い方なら、

```
printf("this is an apple");
```

とすればいいとわかるでしょう。これは、printf("") の "" の中が画面に表示されるというメンタルモデルができるわけです。このようなメンタルモ

デルをどんどん獲得していくと、1つの言語をある程度覚えたら、他の言語に応用できることになります。

　例えば、今まではC言語の例でしたが、Pythonだと、

```
print('this is a pen')
```

で画面に「this is a pen」と表示されます。これを「this is an apple」と表示するには、何を変えればいいか、わかりますよね。このように1つの言語でモデルを獲得できると、他の言語にも応用が効きます。ただし、1つの言語ができれば他の言語もすべて簡単に学べるかというとそうでもありません。言語によっては、まったく異なる概念を用いてプログラミングする言語もあります。そのときは、また写経からはじめて、新しいモデルを構築していきましょう。

　例えば、

```
print( 'this is a pen' + ' , ' +'this is an apple'  )
```

と書くとどうなるでしょうか。上記はPythonのプログラムです。答えは、「this is a pen , this is an apple」となります。ここから、print()の中では、足し算もできるのだ、とわかります。それに加えて、文字列の足し算をすると、文字列同士が連結されるのだ、ということもわかります。しかしながら、C言語ではこの文字列の足し算はできません。このように、言語によっても違いはあります。

　「printf("")の""の中が画面に表示される」というメンタルモデルを獲得するなら、最初からそのルールを覚えてしまえばいいのでは、と思うかもしれません。ここで、「Worked-out example（例題学習）」という概念を紹介します[2]。

---

[2]：Renkl, A., Atkinson, R.,Maier, U., Staley,R.：From example study to problem solving：Smooth transitions help learning.The Journal of Experimental Education,70(4),293-315,2002

　Worked-out example とは、「例題とその解法からの学習」です。手続き的な規則を与えるよりも「例題とその解法からの学習」のほうが効果的であることが知られています。書籍には、こういうことを達成したいなら、こう書けばいいよという例題がたくさん載っていますよね。例題の中でも、以下の三条件を満たす例を使うことが重要とわかっています。

1. 解法のステップ
2. 問題の公式
3. 最終解法

　つまり、最終プログラムだけが書いてあるような書籍だと、学習に使っても効果は低いということです。次章で紹介している書籍は、例題として使えるかどうかという観点でも選んでいるので、安心してどんどん学んでいきましょう。

## Web サービス

　ここまで、書籍や Web ページを見ながら写経をする学習法をご紹介しました。では、Web サービスはどうでしょうか。最近では、プログラミング学習の Web サービスもどんどん出てきました。ゲームのように楽しく学べるサービスも多いため、どんどん活用していきたいですね。

　一方で、作品作りに関しては1つ注意があります。Web サービス上でプログラミングができて、そのまま動かせるサービスなど、最初の学習障壁の低いサービスは、プログラミングを体験することに適しています。ただし、いざ自分のコンピュータで作品を作ろうとすると、何をすればいいかわからない状態になってしまいます。

　そのため、僕がおすすめするのは自分のコンピュータ上で学べる Web サービスです。有名なサービスだと、 ドットインストールが一番おすすめです。ドットインストールは、動画を見ながら実際に自分のコンピュー

タ上で一からプログラミングを学べるので、そのまま作品作りにつなげや
すいからです。

**▼3分動画でマスターするプログラミングサービス　ドットインストール**
**https://dotinstall.com/**

# 5 ▷ 写経の次は改造して遊ぶ

　写経をしたときに、こうしたらこうなるのでは、という予測ができたときは、積極的にプログラムを改造して確認してみましょう。僕はこれを「プログラミングで遊ぶ」と言っています。遊んだ結果、今の知識だとわからない現象に出くわすと思います。これはどういう意味なのだろうと、自分なりに予測を立てて、書籍を読み進めていくと、解説がある場合があり、そのようなときはただ実行するよりはるかに理解が進みます。

　もしもその書籍に答えがなかった場合は、自分の疑問を Web にぶつけてみたり、他のもっと詳しい書籍を探して読んだりしてみましょう。例えば、print() の () に文字列を入れたらそれが表示されるだろうと思ったら、実際に () の中を書き換えてみて実行してみます。その結果が自分の予測通りでしたら、自分のメンタルモデルが正しかったということですし、予想外の結果になったら、それが学びになります。

　ですから、プログラムを写経したら、積極的に改造して遊びましょう。改造は、先程のプログラムをちょっと変更するレベルもいいですが、もっと大きな変更も試してみましょう。例えば、書籍の中で電卓サービスを作ったとします。基本的な電卓の機能をちょっとずつ変えてみます。例えば、3 桁の 0 を 1 ボタンで増やせるようにしたり、電卓のデザインを変えてみたり、履歴が残るようにしてみたり。ちょっとした書き換えで良いので、挑戦してみます。

　その際に、プログラミングでは正解は表示されません。間違えていることはわかりますが、どうやったら正解になるのか、コンピュータは教えて

くれません。そのときにどうすればいいのかというと、以下の4つの行動
が挙げられます。

1. デバッグする
2. 検索する
3. メンター（助言者）に聞く
4. 質問回答サービスやコミュニティで聞いてみる

## ①デバッグする

　デバッグとは、プログラムの誤り（＝バグ）を見つけ、手直しをするこ
とです。自分で新しく書いたプログラムがうまく動かないときはデバッグ
をしましょう。デバッグはやり方によって、効果的な学習になります。デバッ
グとは正解にたどり着くための試行錯誤であり、試行錯誤は学習そのもの
だからです。学習とは、学習者がした行為とその認識に対する予測結果に
ズレがあったときに起こると言いました。予測して行為することが、「試行」
にあたり、ズレを認識することが「錯誤」になります。

　実際、Computational Thinking（計算論的思考）においても手順通り
に問題を解くことではなく、探索的に考えることが推奨されています。デ
バッグをするときに取り入れて欲しいことは、単なる試行錯誤ではなく、「仮
説検証的試行錯誤[1]」をして欲しいということです。これは僕の尊敬する
広島大学の平嶋教授の言葉です。どういうことか。試行錯誤が学習になる
ときは、「試行」が学習者の「何らかの考え」が反映したものであり、そし
て「錯誤」がその考えの検証を担っていることを前提としています。

　そのとき、学習者の考えが検証によって修正されるため、学習になると
いうことです。そのときの学習者の考えは、仮説であると言えます。つま

---

[1]：ディープアクティブラーニングを指向した課題設計法としてのオープン情報構造アプローチ、
平嶋宗
https://www.jstage.jst.go.jp/article/pjsai/JSAI2018/0/
JSAI2018_4H2OS9b01/_article/-char/ja/

りデバッグに置き換えると、仮説なしでプログラムをひたすら変更して実行するような試行錯誤は、学習としての効果は低いということです。デバッグをするときは、「なぜ正しく動かないのか」「なぜこのような挙動を示すのか」を考え「実はこの部分が問題なのではないか」と言った仮説を持った上で修正することが重要ということです。

　実際にデバッグをするときは、デバッガというデバッグのための便利な機能がついているソフトウェアを使います。詳しくは、第5章の「デバッグ」の節で詳しく説明します。

## エラー文の読み方

　はじめてプログラムを学んで、最初につまずくポイントがエラー文の読み方です。赤い文字で英語が大量に出てくるエラー文は怖いですよね。エラー文が出た場合は、プログラムを読み直すのではなく、まずエラー文を読みましょう。そのままずばり、エラー文に解決策が書いてあることがあります。エラー文には以下の内容が書いてあるはずです。

- ファイル名
- 行
- 位置
- エラーの内容
- 呼び出し元のファイル名

　まずはエラー文の内容を読み、エラーを発生している箇所のプログラムを読んでみます。他のファイルから呼び出されている場合は、そのファイルにエラーはなく、呼び出し元にエラーがある場合もあります。

　エラーは英語で出ますので、まずは Google 翻訳などで翻訳してみましょう。しかしながら、どうしても自分では解決できない場合も出てくると思います。プログラミングにおいては、自分が間違えている部分を教えてくれるメンター（助言者）がいると効率的です。ただし、周りにプログラミ

ングができる人がいる環境はなかなかないと思います。そこで、身につけて欲しい能力が次の「検索力」です。

## ②検索する

　メンターがいなくても、Web上で誰かが同じ課題に挑戦した内容を挙げてくれているかもしれません。しかしながら、膨大な数があるWebサイトの中から、自分の欲しい情報を得るにはコツが要ります。プログラミングで行き詰まったとき、以下のコツを参照しながら調べてみてください。それによって学習の効率はとても上がります。

　　(1)検索精度を高める
　　(2)検索ツールで最新の情報を得る
　　(3)検索ワードの具体化・抽象化を使う

### (1)検索精度を高める
　検索するときに、検索欄に打ち込みますよね。例えば、ゲームエンジンを使ってみようと、ゲームエンジンの使い方を調べるとします。

　基本的に検索は、このように複数ワードを「」(スペース)で区切って行います。この検索欄は、実は様々なオプション機能があります。現在、13,600,000件の検索結果が出ていますね。""を使うことで、検索の精度を上げることができます。

　"ゲームエンジン"と囲ってみたところ、検索結果が133,000件とだいぶ減りましたね。""で囲むと、囲んだ文章は1つの単語として見なされます。ゲームエンジンのままだと、ゲームとエンジンに分けた結果も出てくるわけです。検索結果を見ると、Unityがたくさん出てきますね。今回は、Unityはよく知っているから、他のゲームエンジンの使い方を知りたいとします。

　そんなときは、「-（マイナス）除外したい単語」と書くことで、除外することができます。検索結果がかなり変わりましたね。OROCHIとAltseedという単語が出てきました。では、次はOROCHIかAltseedに絞って調べてみましょう。その場合は、「単語 OR 単語」を使います。

　では次は、動画で使い方をみたいため、YouTube 動画内で検索してみましょう。

```
"ゲームエンジン" 使い方 -unity OROCHI OR Altseed site:youtube.com
```

　「site: 検索したいサイト」とすることで、サイト内検索も可能です。もっと詳しく知りたい方は、Google 検索ヘルプの下記サイトを見てください。

　　　▼ウェブ検索の精度を高める
　　　🔗 https://support.google.com/websearch/
　　　　answer/2466433

(2)検索ツールで最新の情報を得る

　次に、新しい情報を得たいときに使う方法です。Google 検索の、検索ツールを使います。ツールボタンをクリックすると、期間を指定して検索結果を得られます。下記は、一ヶ月以内を指定して検索した結果です。

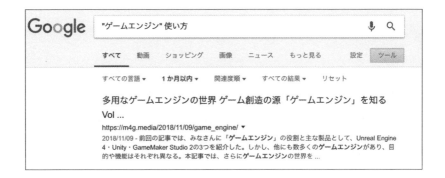

　プログラミングの環境は日々変わっていきます。例えば、Python には Python2 と Python3 があり、どちらもまだ使われています。Python3 の情報が欲しくても、古い Python2 の情報が出てくるかもしれません。Python3 を検索ワードに入れることが第一ですが、上記のように最新の情報を得ることで古い情報を避けることができます。

## (3)検索ワードの具体化・抽象化を使う

　検索ワードは、できるだけ具体的な方が望ましいです。しかしながら、具体的過ぎてもだめです。どのくらいの具体度・抽象度が良いかは、実際に試しながら学んでいきましょう。例えば、Python のプログラムでエラーが出たとします。以下がエラー文です。

```
SyntaxError: unexpected EOF while parsing
```

　そこで、「Python エラー」と調べたらどうでしょう。どこかに自分が望む結果はあると思いますが、量が多すぎますね。これは抽象度が高すぎましたね。今回は、エラー文をそのまま打つことで解決できます。
　では、毎回エラー文をすべて打てばいいかと言うと、残念ながら違います。エラー文がとてつもなく長いときや、ファイル構造まで含まれていることがあるからです。すべて打ち込んでしまうと検索結果が出ないことに

なります。これは具体的すぎたわけです。ですから、具体化と抽象化をうまく使って検索していきましょう。

また、現在は Google での検索を前提としていましたが、Twitter で調べることが有効な場合もあります。Twitter の方が最新の情報を得るには適している場合があるので、うまく使い分けていきましょう。

さて、これで検索力がだいぶついたと思います。しかしながら、やはり検索には限界があります。ピンポイントで自分の知りたい情報が載っていない可能性もあります。そのときは、メンターがいるといいですよね。

## ③メンターに聞く

先ほど、フィードバックが重要で、プログラミングはコンピュータがフィードバックを返してくれるといいました。確かにフィードバックが返ってくるのですが、最高のフィードバックではありません。あくまで、最低限のフィードバックになります。例えば、python で以下のプログラムを実行してみます。

```
print('hello'
```

すると、こんなエラー文が表示されます。

```
SyntaxError: unexpected EOF while parsing
```

この文の意味は、下記になります。

**構文エラー：構文解釈中にプログラムの最後まで読んでしまいました。**

EOF は End Of File の略で、プログラムの最後を意味します。慣れてきたら、このエラーは () の閉じ忘れだな、とわかります。しかし、最初はわかりませんよね。これではフィードバックの意味があまりありません。

しかし、「このエラーは、() の閉じ忘れでよく出るエラーだよ」と教えてくれたら、理解できますよね。この解答の重要さは、さきほど紹介した「Worked-out example（例題学習）」の範囲で研究されています。例題学習には2種類あります。

1. Product-oriented Worked-out example
単に解法を示すだけ。
2. Process-oriented Worked-out example
「なぜその方法を使うのか」「どのように使うのか」も示す。

2の方針が書いてある書籍を使うことが重要です。しかし、自分が挑戦した新しい機能に対する解法は、書籍には書いておらず、当然解法もありません。そのため、一番効率的な学習は、自分がプログラミングしているときに、隣に一流のプログラマが常に付き添って、フィードバックをくれる環境です。

しかしながら、それこそスクールに通わないと、そのような環境は作れません。宣伝をするわけではありませんが、スクールで一対一で教えてもらうことは理に適っています。

## ④質問回答サービスやコミュニティで聞いてみる

メンターがいない場合は、質問回答サービスやコミュニティで聞いてみましょう。質問をする際は以下の項目を意識して下さい。

● 客観的な事実を書く。
● 詳しい状況を書く。
● スクリーンショット（画面を撮った画像）を送る。

● 環境やバージョン情報を書く。
　例：Rails5,Ruby2.5,Mac OS X
● エラーの再現手順を書く。
　例：ログインIDを空欄にして登録を押すと起こる
● プログラムをそのまま送る。

細かく書けば書くほど、回答が来やすくなります。
以下が技術者向けのQ&Aサイトの有名どころになります。

　▼QA@IT: ITエンジニア向け質問・回答コミュニティ
　🔗 http://qa.atmarkit.co.jp/

　▼teratail【テラテイル】| 思考するエンジニアのためのQAプラットフォーム
　🔗 https://teratail.com/

　▼スタック・オーバーフロー
　🔗 http://ja.stackoverflow.com/

　▼Stack Overflow（英語）
　🔗 http://stackoverflow.com/

# 6 ▷ 得た知識を組み合わせて作品を作る

　知識を得たら、実際に自分の作りたい作品を作っていきましょう。前節で、書籍や Web ページからの学び方をご紹介しました。では、どんな書籍や Web ページを選べば、作品作りにつながるのか、を説明します。

## 作りたい作品に近いサンプルが載っている書籍や Web ページを選ぶ

　一番効率がいい方法は、作りたい作品に近いサンプル作品が載っている書籍や Web ページを選ぶことです。例えば、あなたが電卓を作りたいとき、書籍の中で電卓の作り方が紹介されている書籍があると理想ですよね。その書籍で学んで、改造していき、自分の作りたい電卓に近づけていけれると早く作品が作れます。

　書籍のどこを見ればいいかというと、目次を見ます。たいてい目次に、サンプルとしてどんな作品を作るかが載っているからです。Web ページの場合も同じです。ただし、最初に検索をする必要があります。このとき、どんな単語で検索すればいいか知っておくと、良い教材を見つけやすくなります。

　単語自体は、次章で詳しく説明しているので参考にしてください。例えば、ゲームを作るときに、3Dゲームなら Unity が主流だなと知っておけば、具体的に検索しやすくなります。前節の検索力も使ってみてください。

　また、書籍を選ぶとき、以下の条件もチェックしてください。

1. 発行日は新しいか
2. 正誤表が充実しているか
3. ロングセラーか

　今回は、作りたいものが明確で、書籍や Web ページにサンプルが載っている場合でした。しかしながら、あなたの作りたいものが、そのままサンプルとして載っていない場合のほうが多いでしょう。

## ｜ 作りたい作品を部品に分けて考える

　作りたいもののサンプルが書籍や Web ページになかった場合、作りたい作品を部品に分けて書籍や Web ページを探してみましょう。
　例えば、ポケモン GO のようなゲームを作りたいとします。ポケモンGO にどんな要素があるか挙げてみてください。3D ですよね。キャラクターが出てきます。AR（拡張現実：例えば、スマートフォンをかざすとまるで目の前にポケモンがいるかのように見える技術）も使っています。最初にユーザ登録もありましたね。位置情報も使っています。こんな風に要素を挙げてみると、書籍や Web ページを選ぶ参考になります。
　例えば、以下のサンプルが載っている書籍を学ぶと、つながりそうですね。

1. 3D のスマートフォンアプリのサンプル
2. AR を使ったスマートフォンアプリのサンプル
3. 位置情報と AR を使ったスマートフォンアプリのサンプル

　まず、一冊買ってみましょう。そうすると、ポケモン GO のようなアプリは「ロケーションベース型 AR アプリ」に分類されるというように、専門用語をどんどん知ることができるはずです。すると次は、専門用語をもとに書籍や Web ページを選んでいくと作品作りにつながっていきます。

## ▌作品を作ることはテストを受けることに似ている

　作品作りは、自分の知識にある穴がはっきり現れてしまうという点で、テストを受けることに似ています。Jeffrey D. Karpicke と Janell R. Blunt が Science に発表した研究[*1] によると、テスト後に学生の情報保持率が145％向上するという結果が出ました。テキストを読んだ後に複雑なテストをこなした学生は、テキストを読んだだけの学生と比べて、1週間後に覚えていた内容が 145％ も多かったとのことです。

　また、テキストは読んだがテストは受けなかった人たちに比べて、テストを受けた人たちは覚えたと自分で思っていた人が 15％ 少なかったそうです。つまり、テストを受けることで自分の知識の穴に気づき、そのことが学習においては重要であるということです。

　作品作りとテストを等しいものと考えることはできませんが、作品作りに挑戦することで、自分に足りていない知識について自覚することができることは重要です。たとえば、いざ作品を作り出すと、「ログイン機能ってどうやって作るんだっけ」「ログインのときに気をつけるセキュリティは何だったっけ」と言った、疑問がどんどん出てきます。それが次の学びへとつながります。

---

＊1：参考文献
Retrieval Practice Produces More Learning than Elaborative Studying with Concept Mapping
https://science.sciencemag.org/content/331/6018/772

# 7 ▷ 作品を公開して改善する

　作った作品は公開しましょう。それによって、作品に対するフィードバックがユーザから返ってきて、さらに学習につながります。作品を公開する方法として以下の方法があります。

1. Webサービスに登録して公開する
2. コンテストに応募する
3. 市場に公開する
4. 知り合いに使ってもらう
5. ブログを書く

## Webサービスに登録して公開する

　無料で公開できる場所がWeb上にはいくつもあるので、そこで公開してみる方法です。

▼ふりーむ！- フリーゲーム / 無料ゲーム 10000本！
🔗 https://www.freem.ne.jp/

▼フリーゲーム夢現
🔗 https://freegame-mugen.jp/

▼unityroom

ゲームエンジンUnityで作ったゲームを公開できる。

🔗 https://unityroom.com/

▼PLiCy

ゲーム投稿サイト

🔗 https://plicy.net/InfoPLiCy

## コンテストに応募する

　作品はどんどんコンテストに応募しましょう。コンテストに応募すると、作品を評価してもらえるだけでなく賞金がもらえることもあります。コンテストに関しては詳しく後の章で紹介しています。

## 市場に公開する

　スマートフォンアプリでしたら、Google Play や App Store などの市場に出すという方法があります。お金はかかりますが、多くのユーザに使ってもらえる機会があります。

## 知り合いに使ってもらう

　上記3つの難易度が高い場合は、知り合いに使ってもらうのもいい方法です。実際に使ってもらって、意見を聞くことで、より改良を加え、素晴らしい作品にしていくことができます。

## ブログを書く

　作った内容や学習過程をブログに書くことは、様々なプログラミング学習本でも言われている効果的な方法です（例：SOFT SKILLS　ソフトウェア開発者の人生マニュアル）。ここでは学習の視点から、ブログを書く意義を説明します。

　ブログを書くことは、「自分の考えを言語化する」「公開する」という2つのステップに分けることができます。「公開する」ことは、自分のキャリ

アとしても重要ですが、ここでは「自分の考えを言語化する」に注目します。言語化が学習に対して有効である研究は数多くあります（特にプログラミング言語 LISP の学習において、自己説明することが学習を促進する効果があった研究として、Katerine Bielaczyc, Peter L. Pirolli and Ann L. Brown 1995 があります）。

　言語化に関する研究は、大きく3つに分かれます[*1]。

1. 自己説明（自分に対して説明を行う）
2. 個別指導の教える側による説明
3. 協同学習における説明

　自己説明に関する研究の多くが、学習者に自己説明を指示して行われています。確かに学習効果が確認されているのですが、なかなかプログラミングをしているときに声に出して自分に説明するのは難しいですよね。そこで、ブログの出番です。ブログは他者のために書かれますが、そこでの活動は自分の思考の言語化です。あまり考えずに作った作品でも、制作プロセスをブログで説明しようと思うと、言語化に苦労すると思います。ぜひ、ブログに挑戦してみてください。

　本節では、作品を公開する意義と、公開方法を紹介しました。ただし、公開する場合は後述する（第5章の「応用編：セキュリティ」）で、セキュリティについて学んだ後にしましょう。作品を公開するにあたりセキュリティの知識は必須となります。なぜなら、セキュリティ対策が十分でないと、あなたの作品を使った人に危険が及ぶ可能性があるからです。例えば、相手の情報が漏洩してしまったり、ウイルスに感染してしまったりする恐れがあります。せっかく作った作品が、誰かを不幸にしてしまうことは、絶対に避けたいですよね。

---

*1：学習方略としての言語化の効果：―目標達成モデルの提案―、伊藤 貴昭

# 8 ▷ 人に教える

　8個目のステップは、人に教えることです。

　猫に教えてもいいのですが、人の方が反応があって楽しいでしょう。自分が学んだ内容を他の人に教えましょう。自分はまだまだ初心者なので、人に教えるのは早いと思うかも知れません。しかし、そんなことはありません。

　例えば、自転車に乗るのに、プロの自転車乗りに教えてもらう必要があるでしょうか。むしろ、昨日まで乗れていなかったけれど、今日乗れるようになったという人からのアドバイスのほうが参考になるのではないでしょうか。初心者だからこそ、教えられることがあります。

　また、人に教えることには別の側面があります。それは、人に教えることで、自分も学べるということです。しかし、ただ覚えたことをそのまま伝えては意味がありません。すでに持っている知識を、自分の中で整理して、相手にわかるように伝えることが大切です。複数の研究で、個別指導の教える側での学習効果が確認されています。

　実際に、僕もプログラミングスクールで子どもにプログラミングを教えていると、自分の理解も進み、学べることが多いです。プログラミングスクールの講師をすることは、自分の学習にもつながるのでおすすめです。思い切って、教える側になってみるのはいかがでしょうか。

## 教える側になることができるサービス

当然ですが人に教えることで、対価を受け取ることができます。プログラミングで稼ぐためには一定以上の技術が必要ですが、人に教えるのであれば、それほど高い技術は必要ありません。

下記に、人に教えることで稼ぐことができるサービスを紹介します。

▼Udemy
🔗 https://www.udemy.com/ja/
動画授業

▼ココナラ
🔗 https://coconala.com/
スキルシェアサービス

▼ランサーズ
🔗 https://www.lancers.jp/
スキルシェアサービス

▼Menta
🔗 https://menta.work/
メンターを探せる、メンターになれるサービス

▼Techpit Market

🡕 https://www.techpit.jp/

著者の知人の山田くんが運営しているサービス。教材を販売する
ことができる。

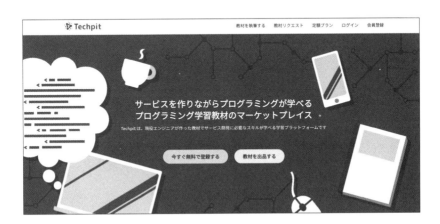

　僕自身、ココナラと Techpit Market で教材を販売したことがあります。
教える側になる自信はなかなかわかないかもしれません。そんなときは、
思い切ってサービスを出品してみることをお勧めします。そうすると、お
金を払ってくれた人のために全力を注ごうと思えるはずです。結果、一人
で学ぶよりも早い時間で学習できると思います。人は自分のためより他者
のためにより頑張れるからです。ぜひ勇気を持って挑戦してみてください。

Learning Method of Programming

# 9 ▷ インターリーブで学習を より効率的にする

　ここまで、8つのステップで学習法を紹介しました。最後に、これらをより強力にする方法をお伝えします。それが、インターリーブ学習法[*1] です。認知心理学でのインターリーブとは、「学習中に関連性はあるが違う何かを混ぜること」を言います。

## ‖ インターリーブとは？

　インターリーブの効果を示した研究は複数あります。その中でも代表的なものが、ロバート・ビョークとネイト・コーネルによる実験です。被験者は 72 人の学生で、コンピュータ上に表示された絵画とその絵画の作者の名前を覚えます。半分の学生は、作者別に絵を学びます。ある作者の絵が 3 秒ごとに 6 作表示され、次の作者が表示され、という具合です。残りの半分の学生は、ランダムに絵を学びました。絵が表示される順が、作者ごとではなくバラバラでした。

　どちらのグループが画家のスタイルを理解することができたか。学生たちは、学んでいない絵を見せられ、作者を選ぶテストを受けました。結果、ランダムに学習した群の正答率は 65%、作者別に学習した群が 50% でした。つまり、1 つのことを繰り返し行うよりも、複数の項目を混ぜて学習した方が効率的に学べるわけです。

　これをプログラミング学習でも取り入れましょう。

---

*1：脳が認める勉強法

　たとえば、本書では「写経する」「改造して遊ぶ」「作品を作る」「作品を公開する」「人に教える」と言った学習法を紹介しました。これらは上から順に実行（順次）する必要はありません。作品を作るステップに来たとしても、随時新しい知識を学ぶときに写経は必要になります。ですから、1日の中でもこれらの学習を混ぜて行なっていきましょう。

　具体的には下記のようにします。

▼普通の学習
**本の写経（1時間）**

▼インターリーブ学習
**作品作り（15分）**
**新しい知識を入れるために本の写経（15分）**
**写経した部分を改造して遊ぶ（15分）**
**今日学んだことを友達に教える（15分）**

　このとき、学ぶプログラミング言語を揃える必要もありません。

　たとえば、ゲーム作りをしたいから C# というプログラミング言語を学んでいるとしましょう。しかし、作品作りを C# でしながら、本の写経は新しい言語に挑戦するのも有効な方法です。なぜなら、それによって自分が学んでいるプログラミング言語の構造が明確になるからです。たとえば、プログラミング言語には静的型付けと動的型付けという概念があります。

## 静的型付けと動的型付け

　一次方程式を思い出してください、y＝x+10 など。この y と x は変数と呼ばれて、さまざまな数が入りますよね。プログラミング言語にも変数の概念があります。一次方程式では、x と y には基本的に数字が入ります。

　しかし、プログラミング言語の場合は、文字列が入る変数や、複数の数字が入る変数があります。この文字列だったり、複数の数字だったりと言った、何の種類が入るかを型と呼びます。

　そして、プログラミング言語の種類によって、型の決め方が2種類に分かれます。1つは静的型付けです。これは、変数を用意するときに、あらかじめ、この変数には数字が入ります、この変数には文字列が入りますと決める方法です。

　もう1つは動的型付けで、変数を用意するときには何でも入るようにして、実際に変数を使うときに型が勝手に決まります。JavaScriptは、動的型付けの言語です。一方、C言語は静的型付けの言語です。ですから、2つの言語では変数の扱いが異なります。

　これは1つの言語を学んでいるときには気づけません。複数の言語を学ぶことではじめて理解が進みます。ですから、学び方だけでなく、学ぶ対象も適度に混ぜながら学んでいきましょう。

# Interlude ▷ 誰もやったことがないことが無限にある！

　プログラミングの世界にはまだ世の中には誰もやったことがないことが無限にあります。作品は、日常のほんの些細なことから生まれます。例えば、待ち合わせのとき、待ち合わせ相手がどこにいるかわからずに困った経験はありませんか。

**MeePa**

**待ち合わせ場所はここのはずだけど、あの子が見つからない！を解決する**

## 集合場所での合流をサポート

○ **AR/レーダ機能/視点共有機能**
　⇨ **視覚的に相手のいる方向がわかる！**

○ **振動機能**
　⇨ **画面を見なくても、相手との距離がわかる！**

○ **オフライン時の通信機能( P2P)**
　⇨ **海外やイベントなどで回線状況が悪くても使える！**

▐ MeePa

　僕はチームで、待ち合わせ場所がわからないときに、AR（拡張現実）技術を使って、相手の場所をスマートフォンが教えてくれるアプリを作ったことがあります。このアイデアも、誰もが思いつきそうですよね。けれど実は意外と誰も作っていないものが多いのです。つまり、プログラミングを身につけることができれば、まだ誰もやったことのないものを自分の手

で作り、世界の人に届けることだって可能なのです。

　ここからは具体的に作りたい作品ごとに、どんな書籍で勉強したら良いのか、どんな Web ページで勉強すれば良いのかをお伝えします。

---

　楽器を弾いたりスポーツをしたりすることと、本当に何の変わりもないのです。

　始める時は本当に圧倒されてしまうけれど、でもちょっとずつ慣れていきます。

　たとえあなたの夢がレースカーの運転手でも、野球選手でも、建築士でも、あらゆるジャンルがソフトウェアによって大きく変えられています。

　アイデアを思いついて、自分の手でそれを実現して、ボタンを1つ押したら何百人もの人がそれを使うことができる。私たちはこんな経験ができる最初の世代なのです。

　プログラミングは超能力に一番近い、素晴らしいものだと思います。

　　　　　　　　　　　　　　　*Dropbox CEO* ドリュー・ヒューストン

# 第4章
# 作品別プログラミング学習ルート

　この章では、作品ごとにおすすめの書籍や、Webページの学ぶ順序などのルートを示しています。もちろんこれが絶対正しいルートというわけではありません。書籍やWebページは膨大で、選択肢が多すぎることが現状です。

　あまりの選択肢にわけがわからなくなることを防ぐために、それぞれに基本的に「本」と「Web」でそれぞれ1つのルート、もしくは合わせて1つのルートを示します。何も知識がなく、自分で選べないという状態の人は、まずはこのルートで学んでみてください。ルートにない書籍が気になった場合は、そちらに進んでもらって構いません。

　プログラミングは技術ですから日々進化しています。常に最新の情報をキャッチして、学び続ける必要があります。それでは、作りたいもの別に、おすすめの学習教材を紹介していきます。各節の最後の部分に、実際に何をどの順番で学べば良いのかを載せています。

Learning Method of Programming

# 1 ▷ Webページを作ろう

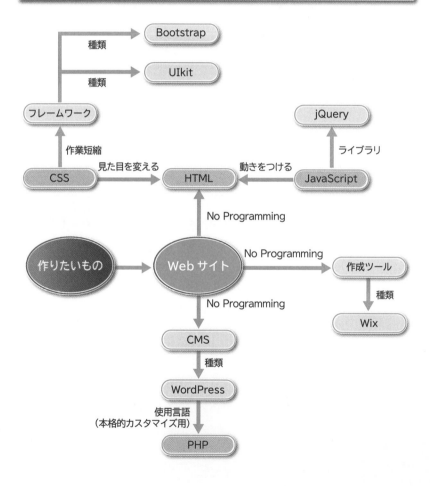

Webページを作るには、主に大きく3つの方法があります。

1. プログラミングで1から作る
2. CMSを使って作る
3. Webページ作成サービスで作る

それぞれ説明していきます。

## Webページで知っておきたい知識

Webページとは、インターネット上で公開している文書のことです。HP（ホームページ）とも言います。画像は、秀和システムのWebページです。

■秀和システムのWebページ

Webページを作るには、HTML（HyperText Markup Language、ハイパーテキスト・マークアップ・ランゲージ）の知識が必要になります。HTMLとは、下記のようにタグ（下記だと <title>）で囲むことで文章に構造を

与えるもので、マークアップ言語と呼ばれます。

```
<title>タイトル</title>
```

試しに、次のような HTML を書いてみました。

```
<!DOCTYPE html>
<html lang="ja">
  <head>
    <meta charset="UTF-8">
    <title>HTML</title>
  </head>
  <body>
    <h1>HTML</h1>
    <p>はじめてのHTML</p>
  </body>
</html>
```

　HTML ファイルは、拡張子（.html）をつけて保存し、ブラウザで開くことで表示されます。拡張子とはファイルの種類を識別するためにファイルの名前の末尾につけられる文字列です。

🔖HTMLを表示した例

　先ほどのファイルを開いてみると、<h1> で囲った文字が大きく表示されています。また、<p> で囲った文字も表示されています。

　では、この文字に色をつけようと思ったらどうすればいいでしょうか。実は、HTMLだけだと、色だったり、動きだったりをつけることができません。そのため、Webページを作るには見た目を整えられるCSS（Cascading Style Sheets、カスケーディング・スタイル・シート）の知識も必要になります。CSSはWebページのスタイル（見た目）を記述する言語です。たとえば、先ほどのタグ<h1>に赤色をつける場合、このように書きます。

```
h1{color:red;}
```

　CSSを書くことで、文字に色をつけたり、背景に色をつけたり、画像の大きさを調整したりすることができます。

　このようにHTMLとCSSで、静的なWebページを作ることができます。静的とは、書いたHTMLやCSSがそのまま反映されることを意味しています。

　静的なWebページがあるので、動的なWebページもあります。動的なWebページとは、HTMLやCSSを自動で作り出すページを言います。例えば、アクセスするたびに表示が変わるページですね。動的なWebページを作るためには、JavaScriptという言語の知識が必要になります。ちなみにJavaScriptとJavaは名前が似ていますが、別の言語です。間違った本を買わないように気を付けましょう。

　さて、動的なページは、実はJavaScript以外のさまざまな言語でも作ることができます。企業が運営する、毎日大勢の人がアクセスするようなページは、「Web 3層構成」という設計で作られていることが多いです。詳しくは「Webサービス」の節で説明します。

## プログラミングで 1 から作る

　HTML と CSS を勉強したい人におすすめの本は、📖スラスラわかる HTML&CSS のきほん 第 2 版です。この本をおすすめする理由としては、とてもわかりやすく 1 から解説されていることと、第二版が 2018 年の 4 月発売と新しいことです。古い本だと、プログラムが動かない場合が多々あるので注意です。

　HTML, CSS, JavaScript を勉強したい人におすすめの本は、📖これから Web をはじめる人の HTML&CSS、JavaScript のきほんのきほんです。おすすめの点は、実務上で重要な JavaScript の応用まで学べることです。

　また、Web ですと💻ドットインストールで HTML, CSS, JavaScript を学ぶことをお勧めします。実際に自分のコンピュータ上で作ることができるので、改造したり作品を公開したりすることができます。

## CMS を使って作る方法

　Web ページを作るために、HTML, CSS, JavaScript の知識が必要なことがわかりました。けれど 3 つも覚えるのは大変そうですよね。そこで登場したのが、CMS（コンテンツマネジメントシステム、Contents Management System）です。CMS は、HTML, CSS, JavaScript の知識がなくても、コンテンツ（文書・画像など）を用意すれば Web ページが作れるソフトウェアです。

　代表的な CMS として、WordPress があります。WordPress は PHP というプログラミング言語で作られているので、PHP を覚えれば自分で改造することもできます。僕も Web ページを作るときは、基本的に WordPress を使います。この WordPress を勉強したい人におすすめの本は、📖本当によくわかる WordPress の教科書 はじめての人も、挫折した人も、本格サイトが必ず作れるです。

　ここまでで、Webページを作る方法として、HTML & CSS & JavaScriptを学ぶ方法、WordPressなどのCMSを使う方法を紹介しました。しかし、実はこれだけでは自分の作ったWebページを、他の人に見てもらうことはできません。自分が書いたHTMLを置く場所とアドレスが必要になります。アドレスとは、インターネット上の住所です。たとえば、僕のブログの場合、下記がアドレスです。これはインターネット上の僕のブログの場所を示しています。

https://rebron.net/blog

　書いたHTMLを置く場所、これをサーバと言います。サーバというと難しく聞こえますが、コンピュータです。サーバは4種類あります。共有サーバ、専用サーバ、VPS（仮想専用サーバ）、パブリッククラウドです。サーバは後述する「応用編：サーバ」で説明します。

　Webページを公開するだけなら、共有サーバで十分です。共有サーバのサービスは無数にあり、選択肢が非常に多いです。ここでは、初心者向けに、電話サポートがあり、無料で試せて、WordPress標準対応、に絞りました。それが、　ロリポップ（https://lolipop.jp/）と　さくらのレンタルサーバ（https://www.sakura.ne.jp/）です。僕はどちらも使っています。好みに合わせて選んでみてください。

## ▎Webページ作成サービス

　「難しいことはよくわからないけど、とにかくWebページを作りたい」、という人はWebページ作成サービスを使うことをおすすめします。本書の趣旨からは外れますが、簡単に紹介します。ホームページ作成サービスで有名どころは　グーペや　Jimdo、　Wixです。これらを使うなら、特に知識は必要ありません。ただし、自由度は下がります。基本的にはテンプレートから選ぶ形になるので、そこは注意してください。

Webページ作成の「本」を使ったおすすめ学習ルート

スラスラわかるHTML&CSSのきほん 第2版

JavaScriptを学び、動きをつけられるようになるために。

これからWebをはじめる人のHTML&CSS、JavaScript
のきほんのきほん

Webデザインの基本を理解するために。

Webデザインの新しい教科書 改訂新版 基礎から覚える、深
く理解できる。〈HTML5、CSS3、レスポンシブWebデザ
イン〉

CSSを、より便利に書けるようにしたSassを学ぶために。

Web制作者のためのSassの教科書 これからのWebデザイ
ンの現場で必須のCSSメタ言語 Web制作者のための教科書
シリーズ

Webページを広げるために必要なSEO対策の知識を得る
ために。

沈黙のWebマーケティング －Webマーケッター ボーンの
逆襲－ ディレクターズ・エディション

Webページを広げるために必要なライティング知識を得
るために。

沈黙のWebライティング —Webマーケッター ボーンの激
闘— 〈SEOのためのライティング教本〉

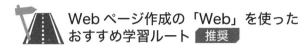

## Webページ作成の「Web」を使ったおすすめ学習ルート 推奨

本書作成時（2019年）では無料で受講できます。

ドットインストール（はじめてのHTML（全14回））

https://dotinstall.com/lessons/basic_html_v5

**見た目を整えられるようになるために。**

ドットインストール（はじめてのCSS（全15回））

https://dotinstall.com/lessons/basic_css_v5

**HTML/CSSの実践的なテクニックを学ぶために。**

ドットインストール（実践！ウェブサイトを作ろう（全16回））

https://dotinstall.com/lessons/website_html_v3

**JavaScriptを学び、動きをつけられるようになるために。**

ドットインストール（はじめてのJavaScript（全11回））

https://dotinstall.com/lessons/basic_javascript_v4

# 2 ▷ Webアプリケーション を作ろう

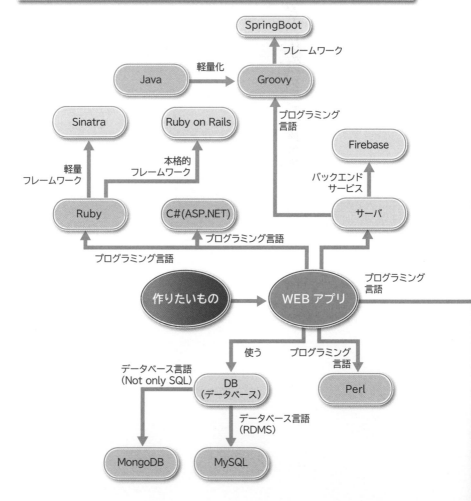

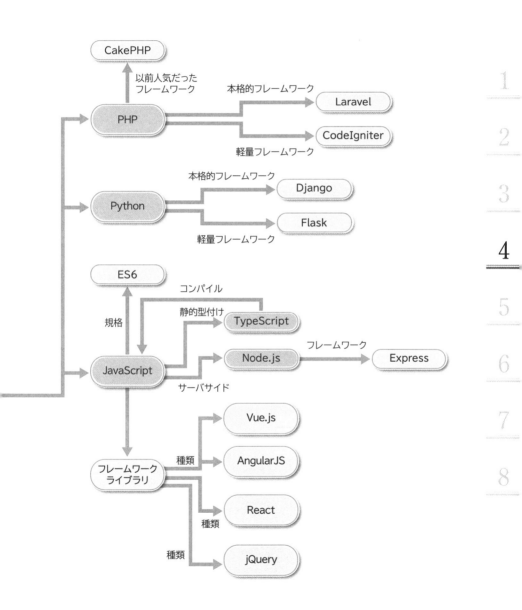

Webアプリケーションを作るには、主に大きく6つの方法があります。

1. PHP を使って作る
2. JavaScript を使って作る
3. Ruby を使って作る
4. Python を使って作る
5. Java を使って作る
6. C# を使って作る

それぞれ説明していきます。

## ▌Web アプリケーションで知っておきたい知識

Web アプリケーション（Web アプリ）とは、インターネット上で使用するソフトウェアです。Web ページとの違いは、インタラクティブ（相互作用）なことですね。ただ文章を読むだけでなく、ユーザ側が何か操作をして、それに対して反応が返ってきます。

Web アプリには、選択肢が多くて驚いたかもしれません。しかし、これでもすべてではありません。Web アプリを作る方法や言語は様々で、どれも一長一短です。しかしながら、どの作り方でも HTML, CSS は基本となります。まずは Web ページの作り方を学ぶと、より理解しやすいと思います。

そして、フレームワーク（アプリを作るために必要な機能が、あらかじめ実装されてるもの）のような便利な手法を学ぶ前に、技術背景を学んでおきましょう。遠回りに見えますが、いい作品を作るためには結果的に近道になるはずです。Web アプリを作っているのに、URL の仕組みって何？サーバとクライアントって何？となってしまうと、チーム開発のときに困りますし、問題が起きたときに対処できなくなります。ここでは簡単に Web 技術の背景を説明します。

### サーバ(バックエンド)

まず、クライアントとサーバの違いです。サービスを提供する側をサーバ、利用する側をクライアントと言います。Webアプリで言えば、クライアントがWebブラウザ（ChromeやEdgeなど）、サーバがWebサーバになります。

サーバというと難しそうですが、単なるコンピュータです。あなたの使っているコンピュータにWindowsやmacOSが入っているように、サーバにはサーバ用のOSが入っています。サーバ用のOSと、サーバ用のアプリケーションが入っていれば、一般的に使われているコンピュータもサーバとして使えます。

まずはWebページの場合を考えてみましょう。Webブラウザに「http://www.example.jp/index.html」と入力してみます。すると、ブラウザ側から、www.example.jpのWebサーバに、index.htmlファイルをくださいと要求することになります。そして、Webサーバからindex.htmlファイルがブラウザに送られてきて、私たちはWebページを見ることができます。

Webアプリの場合も、同じようにブラウザは要求します。違いは、Webページの場合、もともと用意されていたindex.htmlファイルが送られてきたことに対して、動的に作られたHTMLファイルが送られてくることです。つまり、Webサーバ側で何らかのプログラミング言語で記述されたプログラムが動き、HTMLファイルを作って送ってくるわけです。

実際のWebアプリでは、サーバ側をWebサーバ、アプリケーションサーバ、データベースサーバの3階層で構築することが多いので覚えておきましょう。また、サーバサイドで開発することを、バックエンドと呼ぶことも多いです。

### クライアント(フロントエンド)

クライアントサイドは、ユーザが見たり触ったりする部分を言います。

Webページですと、HTML, CSS そして JavaScript が主になります。こ
こではクライアント側の Web の技術の全体像を把握するために、
JavaScript の歴史を簡単にご紹介します。

　JavaScript は、1995 年に Netscape Communications 社のブレダン・
アイク氏が開発しました。初期の頃の JavaScript の評価は低かったのです
が、2005 年に状況が一変します。Ajax（Asynchronous JavaScript ＋
XML、エイジャックス）という技術が台頭したからです。Ajax を使うと、
画面を切り替えることなく表示を更新することができます。Ajax の便利さ
を世に知らしめたのが GoogleMap です。Ajax の普及の背景には、
Prototype.js と jQuery といった便利なライブラリが提供され始めたこと
があります。

　しかし、JavaScript には、module 機能（特定の処理をひとまとめにし
て簡単に呼びだせる）の欠如という問題がありました。そこで生まれたの
が CommonJS という仕様です。この CommonJS が決まったおかげで、
今までの JavaScript ではクライアント側しか操作することができなかった
課題が解決されました。それが Node.js です。Nodo.js を使うと、サーバ
サイドもクライアントサイドもどちらも JavaScript で作ることができま
す。今まで、Web アプリを作るには複数の言語を覚える必要があったの
ですが、JavaScript だけで良くなったのですね。

　Node.js でどんどん便利な仕組みができていましたが、それらはクライ
アントサイドでは使うことができませんでした。そこで browserify や
Webpack といったビルドツールが登場しました。ビルドツールにより、
CommonJS の module 機能がクライアント側でも使えるようになります。
しかし、これらのビルドを手動でするのは大変です。そこで Gulp や
Grunt といったビルドを自動化する仕組みが流行りました。

　しかし、JavaScript には正式な仕様が定まっていませんでした。そこで
ECMAScript2015（ES6）という仕様が決まります。しかし、ブラウザは
まだ ES6 に対応していませんでした。そこで、Babel という ES6 で書い

たプログラムを、ブラウザで動く ES5 に変換してくれる仕組みが流行りました。

　しかしながら、まだまだプログラマーにとって不満がある JavaScript。そこで、AltJS という、JavaScript に変換することで動くプログラミング言語が登場します。AltJS の有名どころとして、Microsoft が開発した TypeScript や、小規模開発向けの CoffeeScript、Google が開発した Dart が挙げられます。

　しかし、それでも JavaScript で 1 から Web アプリを作るのは大変です。そこで、Web アプリ作成の仕組みを提供してくれるフレームワークが出てきました。それが AngularJS や、Facebook が作った React、人気がある Vue.js です。このようにクライアントサイドの技術は、どんどん変遷して便利になっていっています。

## Web 技術の背景を学ぶ

　Web 技術の背景を学ぶために読んでいただきたい本が、📖「プロになるための Web 技術入門」——なぜ、あなたは Web システムを開発できないのかです。少し古い本ですが、Web の成り立ちから Web アプリ開発で知っておく必要のある概念が網羅的に学べます。また、もっと Web アプリの技術を深めたいという人には次の本をお勧めします。

　📖Web サーバを作りながら学ぶ　基礎からの Web アプリケーション開発入門では、1 から Web サーバのプログラムを作ります。使用言語は Java です。Web サーバは、通常自分で作る必要はありません。このようにすでに確立されている技術や解法を使わずに同様のものを作ることを車輪の再発明と言います。車輪の再発明は、無駄なこととして避けられることが多いのですが、学習のためなら積極的に車輪の再発明をしていくべきというのが僕の考えです。なぜなら、何かを深く学ぶには、1 から作ることが一番だからです。

# ┃ PHP を使って作る

　最初にお勧めする方法が、PHP（Personal Home Page, HyperText Pre-Processor）を使って Web アプリを作ってみることです。PHP とはサーバサイドで広く使われている言語です。いきなりフレームワークを使うと、学習コストが高いため、こんなに覚えないといけないのかとなって挫折する可能性があります。

　入門としておすすめの本が📖気づけばプロ並み PHP 改訂版 -- ゼロから作れる人になる！です。実際に 0 から Web アプリを作ってみましょう。PHP で Web アプリを作れるようになったら、次にセキュリティを学びましょう。

## Webアプリのセキュリティを学ぼう

　Web アプリで必須の技術がセキュリティです。コンピュータでいうセキュリティは、システムを誤用や不正アクセスなどから守ることを言います。せっかく Web アプリを作っても、セキュリティに問題があれば公開することはできません。PHP のサンプルプログラムが載った本、📖体系的に学ぶ 安全な Web アプリケーションの作り方 第 2 版 脆弱性が生まれる原理と対策の実践でセキュリティを学びましょう。セキュリティを知らない怖さも、学べるはずです。

## フレームワークを使ってみよう

　フレームワークを使って Web アプリを作ってみましょう。PHP の場合、現在一番人気な Laravel がおすすめです。📖PHP フレームワーク Laravel 入門を読んでみましょう。

## サーバ構築とネットワークを学ぶ

　Webアプリを公開する場合、インフラストラクチャー（インフラ）が必要になります。ここでのインフラとは、Webアプリを動かすための基盤となるハードウェアやサーバを指します。インフラを全部1から用意するのは大変です。

　しかしながら、Web上で簡単にインフラが使えるサービスがあります。その最も有名なサービスが、AWS（Amazon Web Services）です。インフラで知っておくべき、サーバとネットワークについて、📖**Amazon Web Services 基礎からのネットワーク&サーバー構築 改訂版**で実際にサーバを構築しながら学びましょう。

## Linuxコマンドを学ぼう

　AWSを使うときに必要となる知識が、Linux（リナックス）コマンドです。LinuxとはOSの種類の1つです。WindowsやmacOSと同じOSです。Linux自体を学ぶこともとても楽しいので、自分のコンピュータにLinuxを入れてみることがおすすめです。基本のLinuxコマンド自体は、検索すればいくらでも出てきます。

　ここでは、より楽しくコマンドを学ぶための書籍を紹介します。📖**まんがでわかる Linux シス管系女子（日経BPパソコンベストムック）**です。コマンドだけ学ぶと価値がわかりませんが、なるほど、こういうときに使うのか、と実際の場面で学ぶことができます。

　また1からLinuxについて学びたい人には、無料でダウンロードできる🔗**Linuxの教科書**をお勧めします。

　▼Linuxの教科書
　🔗 https://linuc.org/textbooks/linux/

## デプロイの前に Git を学ぼう

　デプロイとは Web アプリを使用可能な状態にすることです。例えば、自分のコンピュータ上で Web アプリを作りますよね。そのままでは、他の人はそのアプリを使うことはできません。デプロイすることで、他の人もあなたの Web アプリを使うことができるようになります。このデプロイのときに、プログラムを管理しておくと便利です。

　Git とは、プログラムの変更履歴を管理できるシステムです。Git はプログラマーにとって必須の知識になるため、しっかり使いこなせるようになりましょう。特にチーム開発では必須なので、ハッカソンのようなイベントに参加するときにも必要になります。ハッカソンは、アプリやシステムなどの開発イベントです。くわしくは後章で詳しくお話しします。

　実は Git はファイルの管理に便利なため、書籍執筆などにも使われています。Git を学ぶ教材でおすすめが、📖サルでもわかる Git 入門です。Git は書籍でも良書がありますが、無料で書籍化もしている下記サイトがおすすめです。書籍ですと📖 GitHub 実践入門〜 Pull Request による開発の変革（WEB+DB PRESS plus）がお勧めです。

▼サルでもわかる Git 入門

🔗 https://backlog.com/ja/git-tutorial/

## ▎JavaScript を使って作る

　クライアントサイドとサーバサイドのどちらも JavaScript で作ることができます。前提として、前節の「Web ページを作ろう」で JavaScript の基礎は理解しているとします。クライアントサイドの人気のフレームワーク Vue.js を学びましょう。お勧めの本は📖**Vue.js のツボとコツがゼッタイにわかる本**です。この本ではサンプルとして「EC サイトの商品一覧ページ」「ムービー制作サービス自動見積もりページ」を作ることができます。お勧めの点は、一度 Vue.js を使わずに作り、その後 Vue.js で置き換えて説明してくれるのでわかりやすいことです。

　サーバサイドも JavaScript で作るために、Node.js を学びましょう。お勧めの本は📖**Node.js 超入門 [第 2 版]** です。Node.js ってなに？　という初歩から丁寧に解説してくれます。また Node.js で使うことになるフレームワーク Express もこの本で学びます。

　次に、Node.js の応用として、📖**JS+Node.js による Web クローラー/ネットエージェント開発テクニック**をお勧めします。この本では Web からデータを自動的に取得し、PDF 文書を自動作成するような実践的なツールを作ることができます。

　さらに Node.js の実践的な使い方を学ぶなら📖**実践 Node.js プログラミング**をお勧めします。2014 年と古いのですが、Node.js を体系的に学ぶことができ理解が深まります。

　ちなみに JavaScript には他にも便利なライブラリがたくさんあります。僕のお気に入りが D3.js です。D3.js を使うと、複雑なグラフやチャートを簡単に表示することができます。僕は本書で説明に使っている概念マップを、自動的に文章から作り出す Web アプリを作ったことがあり、D3.js を重宝しました。お勧めの本は📖**データビジュアライゼーションのための D3.js 徹底入門　Web で魅せるグラフ＆チャートの作り方**です。

## Ruby を使って作る

　Ruby（ルビー）は、まつもとゆきひろ氏により開発された言語です。Ruby は日本人が開発者ということもあり、日本語の情報が豊富です。Ruby を使いたい場合、フレームワークは Ruby on Rails（ルビー・オン・レイルズ）がおすすめです。Ruby on Rails を学ぶ場合は、📖**Ruby on Rails チュートリアル 実例を使って Rails を学ぼう**がおすすめです。こちらは下記 Web サイトで無料で読めるので、ありがたいですね。

### ↗ https://railstutorial.jp/

　周りに Ruby on Rails が書ける人が多い場合、Rails はいい選択になります。Rails チュートリアルが終わったら、名著📖**プロを目指す人のための Ruby 入門**でテスト駆動開発やデバッグのやり方など開発現場で必要になる知識を学びましょう。Ruby には他に Sinatra という手軽で軽量なフレームワークもあります。Rails をマスターしたら使ってみてもいいかもしれません。

## Python を使って作る

　Python（パイソン）は主に AI やデータ分析で使われる言語ですが、Web アプリを作ることにも使われます。著名なフレームワークとして、軽量な Flask と本格的な Django があります。まずは Flask を使って Python で Web アプリを作るというのはどういうことなのか学びましょう。Flask は、公式のドキュメントが日本語化されており、とても丁寧なのでお勧めです。僕はどちらも使ったことがありますが、Flask がサクッと作れて気に入っています。

▼Flask ドキュメント

🗗 https://a2c.bitbucket.io/flask/

　さらに本格的な Web アプリを作る場合は、Django を使いましょう。Django も入門にはドキュメントが適しています。

▼Django ドキュメント

🗗 https://docs.djangoproject.com/ja/2.2/intro/
　tutorial01/

## Java を使って作る

　Java（ジャバ）は、1995 年にサン・マイクロシステムズによって公開された人気の言語です。もともと、特定の場所でしか動かなかったプログラミング言語を、どんな場所でも動かせるようにしようという思想で開発されました。この Java を使って Web アプリを作ることができます。

　まずは📖スッキリわかる Java 入門 第 2 版（スッキリシリーズ）で Java の基本を学びましょう。この本は僕がプログラミングを学ぶときに初めて買った本で感慨深いです。Java の基本になるオブジェクト指向をわかりやすい例えで学ぶことができます。

　次に読んで欲しい本が、先ほどの本の実践編📖スッキリわかる Java 入門 実践編 第 2 版（スッキリシリーズ）です。

　次に、同じシリーズの📖スッキリわかる サーブレット &JSP 入門（スッキリシリーズ）です。Web システム開発で幅広く利用されているサーブレットと JSP の概念を学びましょう。この本で Java を使った Web アプリ開発の基礎が学べます。Java でもフレームワークを使って Web アプリを作ることができます。今最も人気なフレームワークが SpringBoot です。📖Spring Boot 2 プログラミング入門で SpringBoot の基礎を学びましょう。

1

2

3

4

5

6

7

8

## ▌C# を使って作る

　C#（シーシャープ）は、デンマークのアンダース・ヘルスバーグが設計した人気のプログラミング言語です。C# でも ASP.NET Core を使って Web アプリを作ることができます。最近では、Blazor というフレームワークが注目されています。おすすめの本は📕ひと目でわかる Visual C# 2017 Web アプリケーション開発入門です。

 ## Web アプリのおすすめ学習ルート

　Web アプリでは様々な選択肢を紹介しましたが、まずは PHP を使った学習ルートをお勧めします。

```
┌─────────────────────────────────────────┐
│「プロになるためのWeb技術入門」──なぜ、あなたはWeb │
│         システムを開発できないのか             │
└─────────────────────────────────────────┘
      │
      │ PHPでWebアプリを作るために。
      ↓
┌─────────────────────────────────────────┐
│ 気づけばプロ並みPHP 改訂版--ゼロから作れる人になる！  │
└─────────────────────────────────────────┘
      │
      │ Webアプリのセキュリティを学ぶために。
      ↓
┌─────────────────────────────────────────┐
│ 体系的に学ぶ 安全なWebアプリケーションの作り方 第2版  │
│       脆弱性が生まれる原理と対策の実践           │
└─────────────────────────────────────────┘
      │
      │ フレームワークの使い方を学ぶために。
      ↓
┌─────────────────────────────────────────┐
│        PHPフレームワーク Laravel入門           │
└─────────────────────────────────────────┘
```

サーバ構築とネットワークについて学ぶために。

Amazon Web Services 基礎からのネットワーク＆サーバー構築 改訂版

Linuxコマンドの使い方を学ぶために。

まんがでわかるLinux シス管系女子（日経BPパソコンベストムック）

Gitの仕組みを学ぶために。

Webサイト：サルでもわかるGit入門

Webアプリの心構え・企画・設計、アイデアの考え方について学ぶために。

Webサービスのつくり方 ー「新しい」を生み出すための33のエッセイ

インターネットで使用される様々なネットワーク技術を学ぶために。

ハイパフォーマンス ブラウザネットワーキング ーネットワークアプリケーションのためのパフォーマンス最適化

# 3 ▷ 作業自動化ツールを作ろう

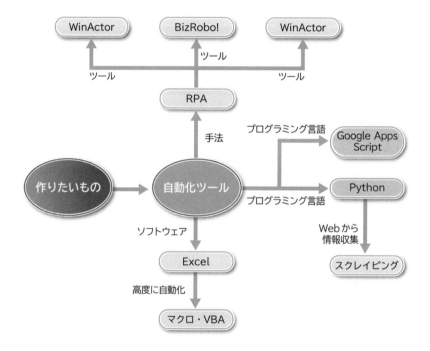

プログラミングの魅力の1つが自動化することです。

作業自動化ツールを作るには、主に大きく5つの方法があります。

1. Excelで作る
2. Pythonで作る
3. Google Apps Scriptで作る

4. RPA で作る
5. システムトレード（投資取引自動化ツール）を作る

　もちろん、自動化はどのプログラミング言語でもできるのですが、ここでは主に仕事で使う可能性の高いものを挙げています。
　それぞれ説明していきます。

## 作業自動化ツールで知っておきたい知識

　なぜ作業の自動化が必要なのでしょうか。それはコンピュータの方が、人間よりも正確で高速に作業ができ、24 時間働けるからです。人間がしなくてもよい仕事をコンピュータに任せられれば、有限の時間を効率よく使うことができます。そしてコンピュータに仕事をさせる方法が、プログラミングです。本節では様々な作業自動化の学習ルートを紹介します。

## Excel で作る

　仕事だと Excel の面倒な入力作業が多いですよね。プログラミングを使えば、面倒な単純作業を自動で終わらせることができます。たとえば、Excel の計算機能もそうです。作業の負担を大幅に削ってくれる便利なツールをぜひ自分の手で作ってみましょう。

### Excel の関数を学ぶ

　まず自動化を体験してみましょう。一番簡単なものだと、エクセル関数を使ってみることから始めましょう。例えば、Excel 上で「＝AVERAGE(A1:J1)」と入力すると、セル A1 〜 J1 の数値の平均値を出してくれます。Excel の便利な使い方や関数を学ぶには、📖 Excel 最強の教科書［完全版］――すぐに使えて、一生役立つ「成果を生み出す」超エクセル仕事術がおすすめです。

Excel のマクロ・VBA を学ぶ

マクロとは、操作を自動化させることです。VBA（Visual Basic for Applications）は Excel や Access（データベース管理システム）などで利用できるプログラミング言語の1つです。VBA にはマクロの記録機能があります。例えば、手動で以下のことをします。

1. データを選択する
2. 円グラフを作る

これを VBA で記録しておくと、いつでも呼び出すことで上記と同じ作業ができるという形です。これだけだとマクロ記録ツールです。

しかし、VBA は自動生成されたプログラムを編集することができます。ですから、できることは無限大です。Excel のマクロ・VBA を学ぶには、📖かんたんだけどしっかりわかる Excel マクロ・VBA 入門がおすすめです。Excel は使っている人が多いので、自動化してあげるととても喜んでもらえます。

## ‖ Python で作る

プログラミング言語の Python を学ぶと、Web サイトからデータを集めてくるような高度な自動化が可能です。これには、📖退屈なことは Python にやらせよう ―ノンプログラマーにもできる自動化処理プログラミングがおすすめです。こちらはまさに作業を自動化するために、非プログラマが手段として Python を覚えようという構成になっています。

そのため、載っているプログラムも、非プログラマ用に、わかりやすさを重視しており、難しい文法は使わないように配慮されています。Python の自動化の威力を学ぶには打って付けです。大量の Excel ファイルを処理するのはもちろん、Web から自動的にデータを集めて（これをスクレイ

ピングと言います）、自動的に処理するなど、実際に仕事で役立つスキルが身につきます。

　上記の本で Python の威力を学んだら、次におすすめするのは📖**独学プログラマー Python 言語の基本から仕事のやり方まで**です。この本は、単に Python を学ぶだけでなく、学んだ後どうやってエンジニアとして働くか、さらに高度なことを学ぶには何をすれば良いかということも載っており、とても勉強になります。こちらにも初学者向けに文法の解説などがありますが、📖**退屈なことは Python にやらせよう**をすでに読み終わった人は飛ばして大丈夫です。

## ▌Google Apps Script で作る

　Google Apps Script（GAS）は、Google が提供しているプログラミング言語です。JavaScript がベースとなっています。

　GAS を使うことで、Google のさまざまなアプリケーションを簡単に連携することができます。

　たとえば下記のようなアプリです。

・Google 翻訳
・Google ドライブ
・Google ドキュメント
・Google スプレッドシート
・G メール
・Google カレンダー
・Google マップ

　Google のアプリ以外でも、API を使うことで Twitter や Slack（チャットツール）、LINE などと連携も可能です。

　そのため、たとえば、毎週月曜日にその週の予定を Google カレンダー

から取ってきて、その内容を G メールや Slack でチームに自動的に配信する、なんてことが簡単にできます。

　また嬉しいことに、GAS は Google のサーバ上で実行されるため、自分でサーバを契約する必要がありません。無料で自動化ツールを作り、それを世界に公開することができます。

🔲Google Apps Script

　GAS は、Google ドライブに GAS のアプリを追加することで使えるようになります。

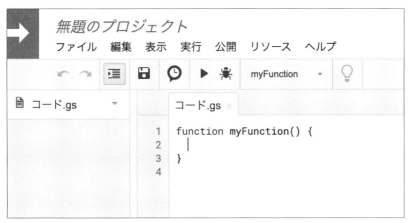

▪GASエディタ

　GASを起動すると、このような専用のエディタが開きます。

　実はGASにはStandaloneScriptとContainer BoundScriptの2つの種類があり、上記はStandaloneScriptの例です。Container Bound Scriptで利用する場合、スプレッドシートなど各種アプリのメニューからGASを起動します。

　GASを学ぶには 📖詳解！Google Apps Script完全入門がお勧めです。Web上でGASを解説している場合、JavaScriptはわかっている前提で書かれていることが多いです。この本では、GAS用のJavaScriptから解説されているので初めて学ぶ人でも安心です。またGAS特有のハマってしまうポイントの回避方法も豊富に掲載されており、痒いところに手が届く本になっています。

## ▎RPAで作る

　RPA（Robotics Process Automation）とは、コンピュータ上で行われていた業務プロセスを自動化する技術です。

　RPA自体はプログラミングの必要がないため、ここでは主要なRPAツー

ルの紹介にとどめます。

　WinActor は NTT グループで研究・利用を続けられた RPA ツールです。フローチャートを使うことで直感的な操作でロボットの動作を作ることができます。

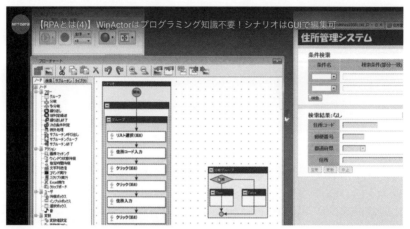

■**WinActorの画面：NTTDATAの動画より**

　他に、RPA テクノロジーズ株式会社の BizRobo! や、UiPath 株式会社の UiPath が有名です。

## システムトレード（投資取引自動化ツール）を作る

　システムトレードとは、取引ルールに則ってコンピュータに自動で取引させることです。

　ルールとは、たとえば RSI（相対力指数）といった指標を使い、RSI がX以下なら買う、Y以上なら売るといったことです。メリットは、コンピュータの場合、感情がないため機械的に取引をしてくれることです。また、バックテスト（過去のデータを用いてパフォーマンスを検証）できるので、あまりに儲からないプログラムは修正できます。

　良いことずくめに思えますが、市場に対して必ず勝てるルールは存在しないので勝つか負けるかはわかりません。

　システムトレードのターゲットとしては、株式、暗号資産（仮想通貨）、FX（外国為替証拠金取引）があります。この中で、株式はハードルが高いです。なぜなら、API（外部のプログラムとやりとりする窓口）がほとんど公開されていないからです。

　ただし、やろうと思えば可能です。プログラミングでブラウザを操作するプログラムを書けば株式でも自動取引は可能です（Python の Selenium というライブラリを使います）。ただし、証券会社の Web ページが少しでも変われば動かなくなるので、メンテナンスが大変で、お勧めはしません。

　そのため、暗号資産が候補にあがります。暗号資産の取引所は API を公開していることが多いからです。プログラミング言語は Python を使うことが王道です。ライブラリは CCXT（様々な取引所に対応）がよく使われています。挑戦してみたい人はまず Python の基本を勉強し、その後「python システムトレード」「python CCXT」などで調べて個人のブログなどを参照しながら取り組んでみてください。

　また、システムトレード全般で言えば📖**アルゴリズムトレードの道具箱——VBA、Python、トレードステーション、アミブローカーを使いこなすために（ウィザードブックシリーズ）**がお勧めです。

　取引は自己責任です。プログラムのミスで、資産が消え去ってしまう可能性も十分考えられるので、余剰資金で取り組むようにしてください。

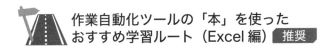
## 作業自動化ツールの「本」を使ったおすすめ学習ルート（Excel 編）　推奨

Excel 最強の教科書［完全版］——すぐに使えて、一生役立つ「成果を生み出す」超エクセル仕事術

↓ さらに高度な自動化を学ぶために。

かんたんだけどしっかりわかる Excel マクロ・VBA 入門

**作業自動化ツールの「Web」を使った
おすすめ学習ルート（Excel編）**

> よねさんのWordとExcelの小部屋
>
> http://www.eurus.dti.ne.jp/~yoneyama/

**VBAの基本を学ぶために。**

> Excelマクロ・VBA塾
>
> http://kabu-macro.com/

**VBAの応用を学ぶために。**

> @IT eBookシリーズExcelマクロ／VBAで始める業務自動
> 化プログラミング入門
>
> https://www.atmarkit.co.jp/ait/articles/1409/17/
> news020.html

 **作業自動化ツールの「本」を使った
おすすめ学習ルート（Python編）** 推奨

> 退屈なことはPythonにやらせよう ―ノンプログラマーにも
> できる自動化処理プログラミング

**Pythonを詳しく学び、仕事を取ってくるまでを学ぶため
に。**

> 独学プログラマー Python言語の基本から仕事のやり方まで

作業自動化ツールの「Web」を使った
おすすめ学習ルート（Python 編）

> Paiza ラーニング Python3 入門編（全11レッスン）
> https://paiza.jp/works/python3/primer

**Python の応用を学ぶために。**

> Python学習講座（応用編）
>
> https://www.python.ambitious-engineer.com/

作業自動化ツールの「本」を使った
おすすめ学習ルート（GAS 編）　推奨

> 詳解！ Google Apps Script完全入門

作業自動化ツールの「Web」を使った
おすすめ学習ルート（GAS 編）

> ドットインストールPREMIUM（Google Apps Script入門）
>
> https://dotinstall.com/lessons/basic_google_apps_script_v2

Learning Method of Programming

# 4 ▷ ゲームを作ろう

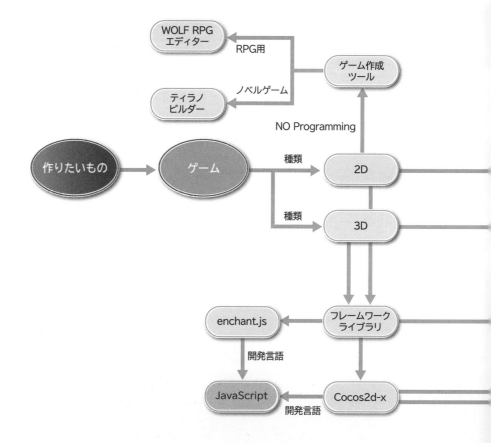

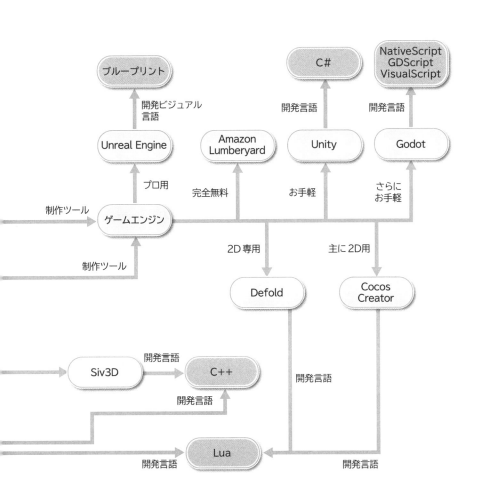

ゲームを作るには、大きく4つの方法があります。

1. ゲームエンジンを使って作る方法
2. ライブラリを使って作る方法
3. ツールを使って作る方法
4. ブロックチェーンを使って作る方法

それぞれ説明していきます。

## ゲームで知っておきたい知識

　ゲームは、基本的にプログラミング言語だけでは作りません。簡単にゲームを作ることができる、ゲームエンジンやフレームワーク、ツールを使って作ることになります。なぜなら、プログラミング言語だけで作ると大変すぎるからです。

　簡単なゲームなら、プログラミング言語だけで作れますが、最近のゲームは3Dです。3Dのキャラクターを表示するだけで、コンピュータの計算負荷は高く、プログラミングの行数も増えます。そのようなプログラムを1から作っていたら、いつまで経ってもゲームが完成しません。そのため本節では、現在主流になっている最新のゲームの作り方を紹介します。

## ゲームエンジンを使って作る方法

　ゲームエンジンとは、ゲーム作りにおいて共通して用いられる処理を代行してくれるソフトウェアです。例えば、ゲームにおいて、主要なキャラクターは何度も登場しますよね。これを毎回1からプログラミングしていたら、キャラクターを表示させるだけで時間がかかりすぎますよね。

　これを、キャラクターをドラッグ＆ドロップするだけで表示してくれるように、作業を短縮してくれるのが、ゲームエンジンです。ゲーム作りで

楽しくない部分は全部やってくれるソフトウェアとも言えますね。

　現在主流のゲームエンジンは、Unity（ユニティ）と Unreal Engine（アンリアルエンジン）です。他に Frostbite、CRYENGINE などがあります。任天堂や SONY など、ゲームを作っている大手会社は自社のエンジンを持っています。

　ここでは、Unity を主に紹介します。Unity では、コンポーネント（部品）を付けることで、複雑な動作も簡単に作ることができます。Unity はゲームだけでなく、研究でも活躍しています。実際、僕は研究で論理的思考力を育成する学習システムを Unity で作っています（人工知能学会研究会優秀賞受賞）。

　独学で言えば、書籍がおすすめです。Unity 関連の書籍はすべてチェックしているので、おすすめをご紹介します。

　📖Unity の教科書 Unity 2017 完全対応版 2D&3D スマートフォンゲーム入門講座は、初心者向けに特化した本です。Unity の基本的な作り方が一通り学べます。

　📖Unity で神になる本。も入門者向けです。違いは、イラストが豊富なので、堅苦しい技術書は苦手という人におすすめです。

## ゲームフレームワーク・ゲームライブラリを使って作る方法

　フレームワークとライブラリの違いは、フレームワークが全体の処理の流れが備わっているのに対して、ライブラリは便利な機能を集めたプログラムです。いくつか代表的なゲームフレームワークとゲームライブラリを紹介します。

### Cocos2d-x

　Cocos2d-x（ココスツゥディ・エックス）は、ゲーム開発用のゲームフレームワークです。C++11 や JavaScript、Lua などの言語を使ってゲームを作ることができます。無料で使えて、有名作品の多くにも使われています。

Cocos2d-xで作られたゲーム例
・モンスターストライク（株式会社ミクシィ）
・ディズニー ツムツム（LINE株式会社）

　Cocos2d-x の本はまだ少ないです。その中でもおすすめは📖はじめてでもよくわかる！ Cocos2d-x ゲーム開発集中講義です。

## enchant.js

　enchant.js は、JavaScript でのゲーム開発が簡単になるライブラリです。このライブラリを学ぶにあたっておすすめの書籍は、📖改訂 2 版 はじめて学ぶ enchant.js ゲーム開発です。この本は、改定前に読んで勉強していました。サンプルで作るゲームが面白く、実践的な内容が多く学べます。

## Siv3D

　Siv3D は、C++ という言語を使って、効率よくゲームとメディアアートを作ることができるライブラリです。開発者の鈴木さんという方が個人で作られています。僕は鈴木さんの Siv3D 勉強会に参加して、Siv3D を使えるようになりました。シンプルなコードですぐに動く作品が作れるので、楽しいです。

## ゲームツールを使って作る方法

　プログラミングの知識がなくても、グラフィカル（図で描かれた）画面でゲームを作ることができるツールが多数あります。自分が使ったものだと、WOLF RPG エディターがあります。本格的な RPG を、簡単に完全無料で作ることができます。ゲームを作ろうと思うと、素材集めが大変ですが、WOLF RPG エディターに元々揃っているため、アイデアがあればすぐ作れます。📖 WOLF RPG エディターではじめるゲーム制作―「イベン

トコマンド」と「データベース」で、ゲームシステムを自由に作る！とい
う本も出ています。ただこの本は古いので参考程度にしてください。
　また、ノベルゲームに特化したティラノビルダーも使いやすいです。友
人と一緒にノベルゲームをティラノビルダーで作ったことがあります。ゲー
ムは友達と作ると楽しさが倍増します。

## ブロックチェーンを使って作る方法

　ブロックチェーンの技術を使ってゲームを作ることができます。ブロッ
クチェーンの仕組みについては本章「8　暗号資産（仮想通貨）を作ろう」
で詳しく説明します。
　ブロックチェーン技術を使ったアプリをDApps（ダップス）と呼びます。
DAppsはDecentralized Applicationsの略語で、日本語でいうと非中央
集権の分散型アプリです。おすすめの本は🔖ブロックチェーンdapp&ゲー
ム開発入門Solidityによるイーサリアム分散アプリプログラミングDです。
　また、ゲーム形式で、無料でDApps作りを学べるWebアプリがあり
ます。それがCryptoZombiesです。このアプリは、暗号からゾンビを生
み出すゲームの開発を通じて、Solidity（プログラミング言語）でスマート
コントラクト（契約の自動化）の構築を学習できる、インタラクティブな
オンラインレッスンです。

▼ CryptoZombies

 ゲームを作るためのおすすめ学習ルート

様々な選択肢を紹介しましたが、最初に学ぶなら Unity がおすすめです。

> Unityの教科書 Unity 2017完全対応版 2D&3Dスマート
> フォンゲーム入門講座

**入門書からステップアップして実践力をつけるために。**

> ほんきで学ぶUnityゲーム開発入門 Unity5 対応

**プロのゲーム開発者によるゲームの作り方を学ぶために。**

> ゲームの作り方　改訂版　Unityで覚える遊びのアルゴリズム

**オンラインゲームを作るために。**

Unity5オンラインゲーム開発講座 クラウドエンジンによる
マルチプレイ＆課金対応ゲームの作り方

**Unityで使うC#の定石を知るために。**

実戦で役立つ C#プログラミングのイディオム/定石&パター
ン

**ゲーム実装の思想や使われている技術を学ぶために。**

ゲームプログラマになる前に覚えておきたい技術

**ゲームの制作のいろはを学ぶために。この著者のシリーズ
はすべておすすめ。**

「レベルアップ」のゲームデザイン ― 実戦で使えるゲーム作
りのテクニック

**ゲームで使われるAIの基本を学ぶために。**

ゲーム開発者のためのAI入門

Learning Method of Programming

# 5 ▷ AI(人工知能)を作ろう

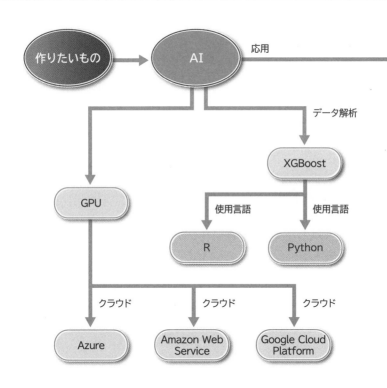

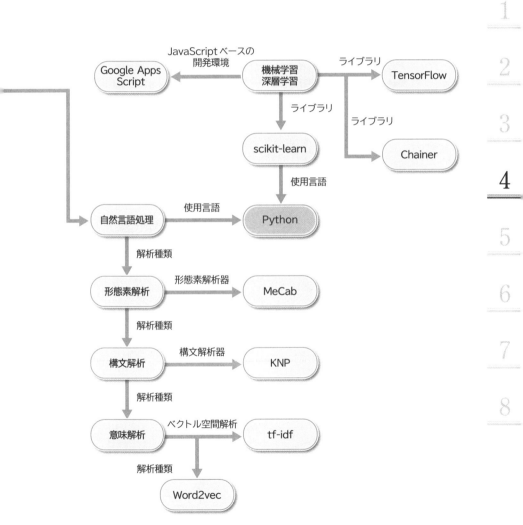

　AIを作るには、プログラミング言語のPythonで作る方法が主流です。まずは、AIとは何かというところから説明していきます。

## AIで知っておきたい知識

　AI（Artificial Intelligence）という言葉を聞かない日がないほど、AIが当たり前になりました。しかしながら、「AIって一体何？」と聞かれると説明が難しいのではないのでしょうか。

　AIは日本語で人工知能を意味します。AIには2種類あります。強いAIと弱いAIです。これは哲学者ジョン・サールが作った用語です。強いAIは、人間と同じように思考するドラえもんのような汎用的（何にでも使える）人工知能です。一方、弱いAIとは特定の領域のみに特化したAIです。今話題になっているAIは、すべて弱いAIですね。

　例えば、囲碁のアルファ碁は、囲碁に特化した弱いAIです。中でも機械学習というデータから学習する技術が広く使われています。機械学習とは、システムにデータを与えることで、システムのパラメータを自動で決定する仕組みです。システムが自ら動作に必要なパラメータを計算するため、学習と呼ばれるのですね。

　機械学習は3つのカテゴリーに分かれます。

### ①教師あり学習

　教師あり学習は、正しいデータの分類先がわかっているデータが教師役をこなす手法です。新しいデータを分類できるようになります。例えば、手書き数字の分類がこれに当たります。大量の手書き数字を学習させると、新しい手書き数字が、0～9のどれに当たるか推測できるようになります。

②教師なし学習

教師なし学習はグループ分けです。正しいデータの分類先がわからない大量のデータを、似ているグループに分けます。有名な事例にGoogleの猫があります。YouTubeの動画データを一週間学習させたところ、コンピュータが猫を認識するようになったという事例です。

③強化学習

強化学習は試行錯誤で学ぶ学習です。コンピュータに実際に試行錯誤させ、成功した場合に報酬を与えることで、より良いルールを見つけていきます。事例として、ロボットの方向制御や、囲碁のソフトなどに使われます。

機械学習を使ったAIを作る仕組みの基本は、以下の3ステップです。

1. 大量のデータを集める
2. データから学習済みモデルを作る
3. モデルをプログラミングでサービスに組み込む

僕自身、心理学のバウムテストを判別するサービスを作ったことがあります。バウムテストとは、木を描いて、その木の見た目から心理状態や性格などを判断するテストです。ただ、残念ながらデータが少なくてうまく機能しませんでした。どのように大量のデータを集めるのかが、機械学習では重要になります。

AIと言えば、話題のディープラーニング（深層学習）ですよね。ディープラーニングは機械学習を実現するアルゴリズムの1つです。専門用語になりますが、他のアルゴリズムとしてロジスティック回帰、サポートベクターマシン、決定木、ランダムフォレスト、ニューラルネットワークなどがあります。ディープラーニングはニューラルネットワークの一種になります。

## ▍Python を使って作る方法

AI を作るには、プログラミング言語の Python が使われます。AI の実装を学ぶには、📖ゼロから作る Deep Learning —Python で学ぶディープラーニングの理論と実装がおすすめです。Python でゼロからディープラーニングを作ることで、ディープラーニングの原理を楽しく学びます。実際はディープラーニングを使う際には便利なライブラリなどがあるのですが、自分で 1 から作ることで仕組みを理解することができます。

次に、AI の応用範囲である、自然言語処理を📖ゼロから作る Deep Learning ②—自然言語処理編で学びましょう。基本が理解できたら、次は📖すぐに使える！業務で実践できる！Python による AI・機械学習・深層学習アプリのつくり方で実際に便利なアプリを作っていきましょう。この本では、豊富なサンプルで楽しく学べます。具体期には、美味しいワイン判定、手書き数字を判定、郵便番号の自動認識、動画から特定の場面を検出、などがあります。

そもそも、AI ってなんだろうっていう人には、下記の本がおすすめです。📖人工知能は人間を超えるか ディープラーニングの先にあるもの（角川EPUB 選書）人工知能に使われている、アルゴリズムを学ぶなら📖トコトンやさしい人工知能の本（今日からモノ知りシリーズ）です。

**AI（人工知能）のおすすめ学習ルート**

**前提知識：Pythonの基礎**

> 人工知能は人間を超えるか
> ディープラーニングの先にあるもの（角川EPUB選書）

**アルゴリズムを学ぶために。**

↓

> トコトンやさしい人工知能の本（今日からモノ知りシリーズ）

**実装と理論を学ぶために。**

↓

> ゼロから作るDeep Learning ―Pythonで学ぶディープ
> ラーニングの理論と実装

**自然言語処理を学ぶために。**

↓

> ゼロから作るDeep Learning ―自然言語処理編

**機械学習を理論からしっかり学ぶために。**

↓

> ITエンジニアのための機械学習理論入門

**実際のアプリを作るために。**

↓

> すぐに使える！業務で実践できる！PythonによるAI・機械
> 学習・深層学習アプリのつくり方

**機械学習を実際の現場でどう使っていくのかがわかる。機械
学習を導入する際に、そもそもこのプロジェクトは機械学習
をする必要があるのか、を考えられるようになるために。**

↓

> 仕事ではじめる機械学習

# 6 ▷ スマホアプリを作ろう

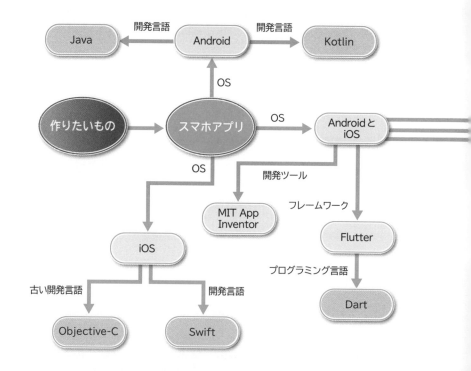

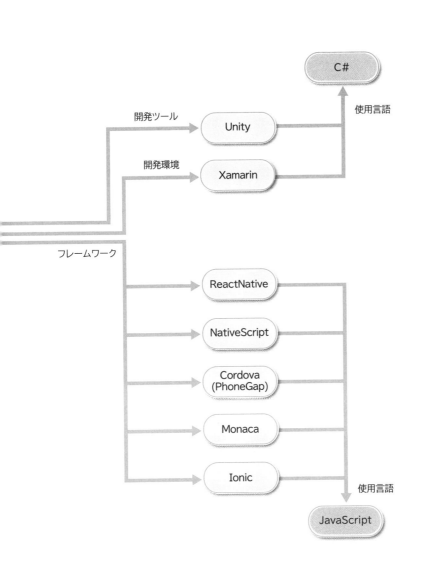

スマホアプリを作るには、大きく3つの方法があります。

1. Android用の言語を使って作る方法
2. iOS用の言語を使って作る方法
3. AndroidとiOS両対応の言語を使って作る方法

## スマホアプリで知っておきたい知識

スマートフォンは大きく Android か iOS に分かれます。これらはどちらも OS（Operating System）です。PC で Windows や macOS があるように、スマホでも OS による違いがあります。あなたの持っているスマートフォンが iPhone でなければ、きっと Android です。iPhone には、OSとして iOS が入っています。

## Android 用の言語を使って作る方法

Android のアプリを開発する言語は Java 一択でしたが、2017 年の5月に、Kotlin（ことりん）が Android の正式な開発言語として Google から発表されました。ですから、これから Android のアプリ開発を学ぶ人は、Kotlin を学ぶことをおすすめします。Web ではまだ Java の情報が圧倒的に多いですが、今後 Kotlin が主流になるのは明白なので、Kotlin で学ぶ方がいいでしょう。Kotlin は、Java に代わり、より簡潔にプログラムを書けるように作られた言語です。

Kotlin の学び方についてですが、残念ながらまだそれほど書籍はでていません。初めの一歩としては、日本 Kotlin ユーザグループの方々が公開してくださっている Kotlin 入門までの助走読本 の PDF がおすすめです。

▼Kotlin 入門までの助走読本

🔗 https://drive.google.com/file/d/0Bylpznm149-
gTGRjOFRkWm9PODg/view

　Kotlin は、Web 上で簡単に試せるようになっています。下記 Web サイトにアクセスしてください。

▼Web 上の Kotlin 実行環境

🔗 https://try.kotlinlang.org/

■Kotlin

　赤枠の、［Run］を押してみると、下のウィンドウに実行結果が表示されます。Kotlin 入門までの助走読本を読んだら、📖 **Kotlin スタートブック -新しい Android プログラミング**がおすすめです。この本では Kotlin の文法に加えてアプリ開発の実装も学ぶことができます。

## iOS 用の言語を使って作る方法

iOS アプリを開発する言語は Swift（スウィフト）です。そして、残念ながら iOS アプリを Swift で開発する場合、現状では Mac が必須です。iPhone 自体はなくても、Mac に入っている Xcode というソフトウェアに iOS シミュレータが付属しているため、アプリの確認は可能です。無料教材として、「株式会社はてな」が GitHub にて公開している、社内研修用の教材が丁寧です。

▼はてな研修用教科書-Swiftでの iOS アプリ開発
🔗 https://github.com/hatena/Hatena-Textbook/
blob/master/swift-development-apps.md

▼はてな研修用教科書-プログラミング言語 Swift
🔗 https://github.com/hatena/Hatena-Textbook/
blob/master/swift-programming-language.md

ただし、上記教材はある程度プログラミングの知識がある人でないと厳しいので、初学者は次におすすめする書籍からはじめていきましょう。📖作って学ぶ iPhone アプリの教科書【Swift4&Xcode 9 対応】～人工知能アプリを作ってみよう！～（特典 PDF 付き）では、プログラミング経験ゼロの人でも iOS アプリ開発ができるレベルまで学ぶことができます。

次におすすめするのは、サンプルアプリ例が豊富に載っている📖たった2日でマスターできる iOS アプリ開発集中講座 Xcode 9/Swift 4 対応です。本書では 7 つのサンプルアプリの作り方が載っています。「じゃんけんアプリ」「音楽アプリ」「マップ検索アプリ」「タイマーアプリ」「カメラアプリ」「お菓子検索アプリ」「ドット絵アプリ」です。

## Android と iOS 両対応の言語を使って作る方法

　スマートフォンアプリは、Android 用か iOS 用かで大きく異なります。
中には、Android, iOS どちら向けにも作れる方法もあります。そこで、僕
がおすすめしているのはどちらにも作れる Unity で、まずは作ってみるこ
とです。Unity を使えば、簡単にアプリが作れてリリースまでできるので、
つまずく心配が少ないからです。ゲームの節を参考に、Unity を学んでみ
てください。

 ### Android のおすすめ学習ルート

> Kotlin 入門までの助走読本

**基礎を学んだら、実際に一からアプリを作るために。**

> Kotlin スタートブック - 新しい Android プログラミング

 ### iOS のおすすめ学習ルート

> 作って学ぶ iPhone アプリの教科書【Swift4&Xcode 9対応】
> ～人工知能アプリを作ってみよう！～（特典PDF付き）

**iOS アプリの作り方の基本を学んだら、様々な作品を作る
ために。**

> たった2日でマスターできる iOS アプリ開発集中講座
> Xcode 9/Swift 4対応

Learning Method of Programming

# 7 ▷ VR・ARを作ろう

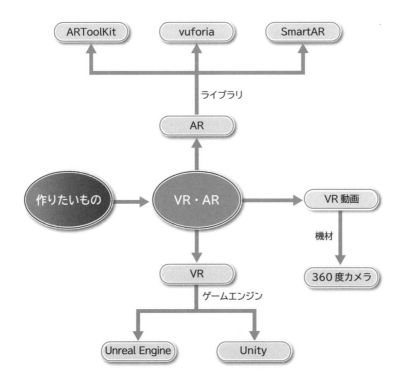

VR・AR を作る主流はゲームエンジンを使って作る方法です。

## VR・AR で知っておきたい知識

VR（仮想現実、Virtual Reality）とは、まるで現実のような、仮想の現実を作る技術です。僕は今までさまざまな VR を体験しましたが、渋谷で体験したホラーゲームが一番驚きました。実際は部屋をぐるぐる回っているだけなのですが、ヘッドマウンドディスプレイ（頭に装着するゴーグル）をつけて歩くと、幽霊屋敷を歩いているようにしか感じられないのです。

一方で AR（拡張現実、Augmented Reality）は、現実世界に情報を付け加える技術です。AR には大きく 3 種類があります。位置認識型、マーカー型、マーカーレス型の 3 つです。位置認識型はポケモン GO のように位置情報と連動したコンテンツを表示するタイプで、GPS を使っています。マーカー型とは、マーカーをスマホカメラなどで読み取ると、マーカーに反応してコンテンツが表示されるタイプです。マーカーレス型は、位置情報もマーカーも使わずにコンテンツを表示します。たとえば、人気スマホアプリの snow（顔に補正をしたり猫耳をつけたりするアプリ）はマーカーレス型ですね。3 つの種類の違いによって、作り方が変わってくるので、自分の作りたい作品がどの種類に当たるのか、考えてみてください。話題のVR・AR。SF のような技術だけあって、学ぶのは一見難しそうですね。しかし、作ることは実は簡単です。

## ゲームエンジンを使って作る方法

VR・AR も Unity を使えば簡単に作ることができます。もちろん、Javaや他の言語でも作れますが、Unity がおすすめです。なんと VR に関しては、Unity ならばチェックボタン 1 つで対応できてしまいます。

VR アプリ作りを学ぶなら📖作って学べる Unity VR アプリ開発入門がおすすめです。ただし、最初にゲームの章の Unity でアプリを作れる知識を持った上で VR に進みましょう。

AR に関しては、まだあまりいい本が出ていません。ライブラリの Web ページや Web 上の記事を参考にすると良いと思います。現在、一番わかりやすくおすすめの記事が下記になります。

▼Unity で ARKit & ARCore AR 開発環境のマルチプラットーフォーム（iOS & Android）対応

🔗 https://qiita.com/taptappun/items/
　　bc38a446a06c83bd1898

iOS 向けの AR アプリ開発フレームワークが ARKit になります。Android 向けの AR アプリ開発フレームワークが ARCore です。自分のスマートフォンで試せることが一番なので、自分のスマートフォンに合わせて、どちらかを選択しましょう。

 ## VR のおすすめ学習ルート

**前提知識：「ゲームのおすすめ学習ルート」のステップ１まで**

> 1.作って学べる Unity VR アプリ開発入門

 ## AR のおすすめ学習ルート

**前提知識：「ゲームのおすすめ学習ルート」のステップ１まで**

> Web サイト：1.Unity で ARKit & ARCore AR 開発環境の
> マルチプラットーフォーム（iOS & Android）対応

# 8 ▷ 暗号資産(仮想通貨)を 作ろう

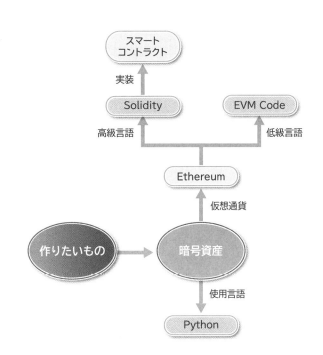

暗号資産を作る主流は Python を使って作る方法です。

## ▌暗号資産で知っておきたい知識

暗号資産（仮想通貨）は、コンピュータとネットワークを使って実現されている通貨です。有名どころとして、Bitcoin（ビットコイン）やEthereum（イーサリアム）があります。ビットコインは 2008 年にサトシ・ナカモトという人物がビットコイン作成に関する論文を発表し、2009 年から運用が始まったコインです。

暗号資産は、いくつかの技術が元になって開発されています。そのうち、主要な技術がブロックチェーンです。ブロックチェーンとは、ブロックと呼ばれる多数のデータを鎖状に連結したデータ構造です。各ブロックにはトランザクションと呼ばれる暗号資産の取引情報が含まれています。ブロックチェーンは日本語ですと分散型台帳技術と呼ばれます。ブロックチェーンが何に使われるかというと、暗号資産の取引情報を記録するために使われます。ブロックチェーンを使うことで、取引情報を不正に変更することを防ぐことができます。

## ▌Python を使って作る方法

暗号資産について学ぶならば、自分で作ってみることが一番です。お勧めの本は 仮想通貨の作り方です。この本では仮想通貨の仕組みを自分でプログラミングして作ることで楽しく暗号資産について学べる本になっています。また、この本の最後の章ではビットコイン発案者のサトシ・ナカモトの論文が解説されています。

# 第5章

## ＜応用編＞
## テーマ別プログラミング
## 学習法まとめ

　ここまで、各作品に対して学びのルートを示してきました。提示したルートで学ぶと、きっと作品が作れると思います。しかしながら、プログラマーとして多くの作品を作っていくには、まだまだ知っておきたい知識がたくさんあります。すべては紹介できませんが、この章では応用編としてその一部を紹介します。

# 1 ▷ チーム開発手法

ここまで、1人で開発する場合の学習法を紹介しました。しかしながら、実際の開発現場では1人で開発することは稀で、複数人で作ることが多いのです。複数人で作品を作る予定の人は、チーム開発について学びましょう。

## ▎チーム開発で知っておきたい知識

チームで作品を作る場合には、開発手法を用いることが一般的です。開発手法の有名なものとしては、「ウォーターフォール開発」、「オブジェクト指向開発」「アジャイル開発」があります。

ウォーターフォール開発は、水が上から落ちるように各開発プロセスを順番に進めていく手法です。具体的な開発プロセスとしては、要求定義、外部設計、内部設計、開発、テスト、運用などがあります。ウォーターフォールのメリットは、1つのプロセスが終わるごとに成果が文章化されるため、管理がしやすいことです。また、最初に計画をするのでスケジュールや進捗を把握しやすいことが特徴です。しかしデメリットとして、最初に仕様を確定させるため、仕様が変更したときに対応が困難です。また、最終段階にならないと動くモノができないので、ユーザの意見を取り入れることが困難です。

すべてを計画通りに進めるウォーターフォール開発とは違い、オブジェクト指向開発ではイテレーション（反復）と呼ばれるサイクルを回すことで開発を進めます。また、オブジェクト指向設計ではオブジェクト指向プ

ログラミングを取り入れます。オブジェクトとは「モノ」を指します。「モノ」を定義することで、設計しやすくなるわけです。たとえば「車」という定義をします、車にはメーカーや色などの属性があり、走ったり曲がったりの操作がされます。このように車を定義しておくと、コンピュータ上でさまざまな車（トヨタのクラウンやマツダのアテンザワゴンなど）を同じ「車」として扱うことができます。そのため、再利用が簡単で、効率的にプログラムを作ることができます。

　アジャイル開発でも、イテレーションを用いますが、そのサイクルは数週間と非常に短いです。開発対象を多数の小さな機能に分割し、1つのイテレーションで1つの機能を開発します。そして、このイテレーションのサイクルを継続して行うことで、1つずつ機能を追加的に開発していきます。

## チーム開発の学び方

　開発手法はどれも知っておく必要がありますが、試しに数人で作品を作る場合にはアジャイル開発が便利です。アジャイル開発とは何かという全体像を得るために、アジャイルサムライという名著を読みましょう。

　Webや書籍などでチーム開発手法について学んだあとは、後述するハッカソン（短期間でチームで作品を作るイベント）に参加して、チーム開発を体験してみましょう。学生は、enPiTやSecHack365などの、チーム単位で開発する人材育成プログラムもおすすめです。

　下記に、チーム開発について学ぶルートをご紹介します。ただし、チーム開発は書籍を読んでも実践ができないため、実践ができる環境を作ることが大切です。

**チーム開発手法のおすすめ学習ルート**

アジャイルサムライ

アジャイル開発手法のひとつであるリーンソフトウェア開発手法の実践的な内容を学ぶために。

リーン開発の現場 カンバンによる大規模プロジェクトの運営

アジャイル開発の代表的な手法であるスクラム開発を学ぶために。

SCRUM BOOT CAMP THE BOOK

ハイレベルなチーム開発手法について学ぶために。

チーム開発実践入門──共同作業を円滑に行うツール・メソッド WEB+DB PRESS plus

# 2 ▷ プロジェクト管理

プロジェクト管理とは、ソフトウェアプロジェクトを計画し導く技術です。先に挙げたチーム開発でリーダになる人、プロジェクトマネージャを目指している人は学んでおくと良いと思います。

## プロジェクト管理で知っておきたい知識

1 人で作品を作る場合は、プロジェクト管理の知識は必要ありません。しかし、自分がプログラマーを管理する側になると必要になってきます。プロジェクト管理では PMBOK（Project Management Body Of Knowledge）という本が有名で、プロジェクト管理に関連する知識が 10 の知識エリアに分かれて解説されています。ここでは、その 10 の知識エリアを簡単に紹介します。

1. プロジェクト統合マネジメント
   プロジェクト管理の各種プロセスと活動について学びます。
2. プロジェクト・スコープ・マネジメント
   スコープとは範囲を意味します。プロジェクトの作業範囲を明確にする方法を学びます。
3. プロジェクト・スケジュール・マネジメント
   プロジェクトを期限までに完了するように管理する方法を学びます。
4. プロジェクト・コスト・マネジメント
   プロジェクトを予算内で完了するための方法を学びます。
5. プロジェクト品質マネジメント
   利害関係者の期待を満たすための品質事項の管理を学びます。

6. プロジェクト資源マネジメント

プロジェクト成功のために必要な資源の管理を学びます。

資源には人的資源や物的資源、必要機器などがあります。

7. プロジェクト・コミュニケーション・マネジメント

チームメンバーの他に、顧客やスポンサーなどの利害関係者に正確な情報伝達を行う方法を学びます。

8. プロジェクト・リスク・マネジメント

プロジェクトに関するリスクの管理を学びます。

9. プロジェクト調達マネジメント

外部から物品やサービスを取得するときの方法を学びます。

10. プロジェクト・ステークホルダー・マネジメント

利害関係者がプロジェクトに効果的に関与できるような管理方法を学びます。

## ▌プロジェクト管理の学び方

プロジェクト管理には様々な書籍があり、そしてこれが最善という方法は決まっていません。まずは小説形式で楽しみながら、ソフトウェア開発を成功させるためのプロジェクトマネジメントにおける 101 個の法則を学べる📖デッドラインをおすすめします。デッドラインは、上質な小説を味わった読後感とともに、プロジェクト管理における重要な項目を、実際にプロジェクト管理者の目線から学ぶことができます。一部の法則を紹介します。

**正しい管理の４つの本質。**

他はただの管理ごっこであると、本書では痛烈に批判しています。

1. 適切な人材を雇用する
2. その人材を適所にあてはめる
3. 人びとの士気を保つ
4. チームの結束を強め、維持する

他にも、様々な示唆に富んだ格言が散りばめられています。

残業時間を増やすのは、生産性を落とす方法である。
優れたプロジェクトは、設計に費やす時間の割合がはるかに高い。
短期的に生産を高める方法など無い。

主人公が大規模なプロジェクトを管理する過程を、エピソードとともに体験しながら学べるため、納得感があります。

また、ブルックスの法則で有名な古典、人月の神話も読んでおきたいところです。

ブルックスの法則
　遅れているプロジェクトに人を追加しても、ますます遅れるだけである

## プロジェクト管理のおすすめ学習ルート

> デッドライン

現場で培われた知恵をユーモアあふれるエッセイで学ぶために。

> Joel on Software

プロジェクト管理で知っておきたい最低限の知識と技術を学ぶために。

> 「プロジェクトマネジメント」実践講座

とても難しい見積もりの、第一人者からの知見を得るために。

> ソフトウェア見積り　人月の暗黙知を解き明かす

プロジェクトメンバーの扱い方や仕事の向上のさせ方を学ぶために。

ピープルウエア　第3版

ソフトウェア開発の定番書でプロジェクト管理を学ぶために。

人月の神話【新装版】

# 3 ▷ デバッグ

デバッグとは、コンピュータのプログラムの誤り（バグ）を見つけ、修正することです。バグフィクスと呼ばれることもあります。bug はもともと虫という意味です。プログラムの誤りをバグというようになったことには有名な話があります。1947 年にマーク II というコンピュータが動かなくなった原因が、内部に蛾が入り込んでいたことだったので、そこからプログラムの誤りをバグと呼ぶようになったと言われています。デバッグは個人で作品を作る際に、最初に立ちふさがる関門になります。

## デバッグで知っておきたい知識

### 最も原始的なデバッグ printf

デバッグは、基本的にデバッガを使って行います。デバッガとは、デバッグを支援してくれる便利なソフトウェアです。デバッガを使わなくてもデバッグを行うことはできます。それが printf デバッグです。printf とは C 言語で画面に出力をする関数です。printf で気になる変数の値などを出力することで、プログラムが正常に動いているか確認できます。

### ブレークポイントを設置する

デバッガを使うとブレークポイントを設定することができます。ブレークポイントとは、プログラムを一時停止するポイントです。

例えば、ある変数にちゃんと予測したとおりの値が入っているか確認し

たいとき、プログラムの途中でブレークポイントを設置します。そうする
と、プログラムを実行したときに、ブレークポイントでの変数の値を確認
したり、1 ステップずつプログラムを実行したりできます。

　ブレークポイントはデバッガの標準機能としてついていることが多いの
で、調べてみて下さい。次の図は、Visual Studio でブレークポイントを
設定した例です。左の欄に赤い丸がついている 11 行目の部分がブレーク
ポイントです。

```
test.cs                          ○
選択なし
     1     using System.Collections;
     2     using System.Collections.Generic;
     3     using UnityEngine;
     4
     5     public class test : MonoBehaviour
     6     {
     7         private bool isEmpty;
     8         // Start is called before the first frame update
     9         void Start()
    10         {
⊚   11             if (isEmpty)
    12             {
    13
    14             }
    15         }
    16
    17         // Update is called once per frame
    18         void Update()
    19         {
    20
    21         }
    22     }
```

🔖ブレークポイント

スタックトレースを見る

　スタックトレースとは、プログラムの実行過程を記録した呼び出し履歴
です。スタックトレースを見ることで、どのプログラムがどこで呼ばれて
いるのかがわかり、デバッグに役立ちます。

## デバッグの学び方

　デバッグには他にもさまざまなテクニックがあります。おすすめの書籍は、 C# プログラマーのための デバッグの基本＆応用テクニックです。C# と書いてありますが、内容は汎用的でどの言語にも使えます。そもそもバグの種類にはどんなモノがあるか、という初歩から学べます。

### デバッグのおすすめ学習ルート

> C#プログラマーのための デバッグの基本＆応用テクニック

さらに詳しくデバッグを学ぶために。

> デバッグの理論と実践 ―なぜプログラムはうまく動かないのか

# 4 ▷ 設計

作品を作るにおいて、設計が必要になります。たとえば、大工さんが家を作るときに、設計図がなければ感覚で作るしかありません。とりあえず住むことはできるかもしれませんが、危なっかしくて売り物にはなりませんよね。プログラミングで作る作品も、1人で使う小規模なものなら設計をしなくても作れるかもしれませんが、多くの人に使ってもらうならば設計は必須になります。

## 設計で知っておきたい知識

コンピュータ分野での設計とは、主に以下のものを指します。

- システム設計
- ソフトウェア設計
- アプリケーション設計
- ネットワーク設計
- データベース設計
- アーキテクチャ設計
- インフラ設計
- 移行設計
- 運用設計

本節では、主にソフトウェア設計を対象とします。設計のプロセスは、大きく要件定義、外部設計、内部設計に分けられます。

　要件定義とはシステムの開発において、実装すべき機能や満たすべき性能などを明確にしていく作業のことです。次に、外部設計というシステムがユーザに対して提供する機能やインターフェース（入出力部分）を設計します。内部設計では、入力と出力の間の内部処理を設計します。

## ▍設計の学び方

　設計はこの3段階なのですが、実際にソフトウェアを開発する場合は、最初に要求定義を行います。要求定義とは、利用者がそのシステムなどに何を求めているのかを明確にしていく作業のことです。要求定義は通常、エンジニアではなくエンジニアに仕事を頼む発注者側が行います。

　ただし、1人でシステムを開発する場合は、要求定義も自分で行う必要があるでしょう。その際は、📖**本当に使える要求定義**を熟読しましょう。この本は、要求定義で行うべき作業をステップごとに、模範例も見せながら解説してくれています。実際、僕はシステム発注者とエンジニアの間の通訳をする仕事をしており、その際の要求定義はこの本をもとに行っています。

　次に、設計の全体像と、外部設計、内部設計の具体的なプロセスを学ぶために📖**はじめての設計をやり抜くための本**を読みましょう。この本はオブジェクト指向開発を前提にしているため、オブジェクト指向開発について学んでおきたい人は事前に📖**オブジェクト指向でなぜつくるのか 第2版**を読みましょう。

　また、オブジェクト指向開発の設計では UML（Unified Modeling Language）、日本語では統一モデリング言語が使われます。まずは、📖**UML モデリングのエッセンス 第3版**（Object Oriented SELECTION）で UML の基本と正しい使い方を学びましょう。

設計のおすすめ学習ルート

　要求定義を業務でする必要がない場合は、最初のステップは飛ばしても構いません。しかし、将来必要性に気づくと思いますので、その際は参考にしてください。

```
┌─────────────────────────────────────┐
│          本当に使える要求定義           │
└─────────────────────────────────────┘
   │
   │ オブジェクト指向の基本を学ぶために。
   ↓
┌─────────────────────────────────────┐
│       オブジェクト指向でなぜつくるのか      │
└─────────────────────────────────────┘
   │
   │ 設計の基本を学ぶために。
   ↓
┌─────────────────────────────────────┐
│      はじめての設計をやり抜くための本       │
└─────────────────────────────────────┘
   │
   │ オブジェクト指向で使われるUMLを学ぶために。
   ↓
┌─────────────────────────────────────┐
│ UML モデリングのエッセンス 第3版(Object Oriented │
│             SELECTION)              │
└─────────────────────────────────────┘
   │
   │ 実際の開発で、UMLをいかに使うかを学びましょう。下
   │ 記の本は、具体的なWebサービスを対象に、どのように
   │ 設計し、どのようにコードに落とし込めば良いのかがス
   │ テップごとに書いてあり、重宝する一冊です。
   ↓
┌─────────────────────────────────────┐
│  ユースケース駆動開発実践ガイド(OOP Foundations) │
└─────────────────────────────────────┘
```

Learning Method of Programming

# 5 ▷ セキュリティ

セキュリティとは、コンピュータシステムを災害、誤用および不正アクセスなどから守ることです。作品を公開するにあたり、セキュリティが大切になります。

　例えば、あなたが素晴らしいサービスを作ったとして、そこにセキュリティ上の脆弱性（欠陥）があり、ユーザ情報が盗まれたとしましょう。サービス停止、ユーザからのクレームだけではありません。多大な賠償金を負ってしまうこともあります。

　セキュリティはサービスの価値に直結します。プラスアルファの要素ではなく、作品作りに必須と考えて学んでいきましょう。

　実際、僕も GooglePlay に公開していたアプリが、セキュリティを理由に公開停止になったことがあります。そのときの問題は僕が書いたプログラムではなく、使っていたライブラリに脆弱性があったことが問題だったのですが、セキュリティを学ぶ必要性を強く実感しました。

## セキュリティで知っておきたい知識

　セキュリティをしっかり理解するには、コンピュータサイエンスの基礎知識が不可欠です。例えば、DNS キャッシュポイズニング攻撃というサイバー攻撃があります。これはそもそも DNS の仕組みをわかっていないと理解できません。

　しかし、作品を作るにあたってコンピュータサイエンスを全部理解しろ

というのは無茶です。どの技術を使って作るかが決まれば、最低限その技術におけるセキュリティ対策は学ぶようにしましょう。セキュリティの全体像を知るために、セキュリティ知識分野（SecBoK）人材スキルマップ2017年版 で紹介されている分野を説明します。

## ①基礎

　コンピュータサイエンスの基礎にあたる部分です。情報理論やプログラミングといったICT（情報通信技術）基礎と数学も含んだ工学の基礎、組織のリスク管理やメディアリテラシーなどのビジネス基礎で構成されています。

## ②セキュリティ基礎

　セキュリティにおける三要素、機密性、完全性、可用性や、セキュリティ原理と手法（例：ファイアウォール）などで構成されています。機密性とは限られた人だけが情報に接触できるように制限をかけ管理することです。完全性は不正な改ざんなどから情報を保護することを言います。可用性とは認証されたユーザが必要なときに安全に情報にアクセスできる環境であることを指します。ファイアウォールとは、防火壁から来ている言葉で、通過させてはいけない通信（火）を阻止するシステムのことです。

## ③セキュリティガバナンス

　組織のセキュリティやリスク管理などで構成されています。

## ④セキュリティマネジメント

　セキュリティ管理の知識やセキュリティを考慮した組織のポリシー（方針）の作成方法などで構成されています。

## ⑤ネットワークセキュリティ

ネットワーク通信を安全にするための技術やトラフィック（通信回線上で一定時間内に転送されるデータ量）解析の技術、IDS（不正侵入検知システム）の知識、脆弱性診断などで構成されています。脆弱性（ぜいじゃくせい）とはセキュリティ上の欠陥を指し、セキュリティホールと呼ばれることもあります。

## ⑥システムセキュリティ

アプリケーションの脆弱性に関する知識やハードウェア、ソフトウェアのリバースエンジニアリングの技術などで構成されています。リバースエンジニアリングとは、製品の構造を分析し、製造方法や構成部品、プログラムなどの技術情報を明らかにすることを指します。

## ⑦セキュアシステム設計・構築

安全なシステム設計や、安全なプログラミング方法（セキュアプログラミング）、テストなどで構成されています。

## ⑧セキュリティ運用

運用する上でのセキュリティ知識や、インシデント対応などで構成されています。インシデントとは、コンピュータの利用や情報管理、情報システム運用に関してセキュリティ上の脅威となる事象を指します。

## ⑨暗号・認証・電子署名

暗号化アルゴリズムや手法について、認証方法の知識などで構成されています。たとえば有名なアルゴリズムに SHA（Secure Hash Algorithm）があります。SHA は SHA-0 から始まり、現在は SHA-3 まで発表されています。アルゴリズムは欠陥が見つかると、更新されていく形です。

## ⑩サイバー攻撃手法

　攻撃手法（例：フットプリンティング、特権の昇格）、マルウェア解析、ソーシャルエンジニアリングの知識などで構成されています。フットプリンティングとは、攻撃者の事前準備（弱点や攻撃の足掛かりを得るため）です。特権の昇格とは、権限を持たないユーザが、一時的に権限を取得することを言います。マルウェアとは悪意のあるソフトウェアの総称です。ソーシャルエンジニアリングとは人間の心理的な隙や行動のミスにつけ込みパスワードなどの情報を盗み取ることを指します。

## ⑪デジタルフォレンジクス

　デジタルフォレンジクス（デジタル鑑識）とはコンピュータに残る記録を収集・分析し、その法的な証拠性を明らかにする手段や技術の総称です。

## ⑫法・制度・標準

　プライバシーや法律知識などで構成されています。

## ┃ セキュリティの学び方

　Web で学ぶ場合は、IPA の資料が参考になると思います。毎年、10 大脅威として有名なサイバー攻撃も紹介されているので、チェックしておきましょう。

　▼IPA 情報セキュリティ
　🔗 https://www.ipa.go.jp/security/

　またセキュリティの基礎知識を網羅的に解説してくださっている下記サイトも勉強になります。

▼情報セキュリティスペシャリスト – SE娘の剣 –
🔗 http://sc.seeeko.com/

　また、ネットワーク機器やセキュリティで有名な Cisco が Web 上でセキュリティを学べるサイバーセキュリティスカラシッププログラムを提供しています。

▼Cisco
🔗 https://www.cisco.com/c/m/ja_jp/about/
security-scholarship.html

　LPI-Japan は、Linux/OSS 技術者教育に利用していただくことを目的とした教材「Linux セキュリティ標準教科書」を開発し、無償にて公開しています。

▼Linux セキュリティ標準教科書
🔗 https://linuc.org/textbooks/security/

　書籍で学ぶ場合は、まずは広く浅くセキュリティの基礎を📖イラスト図解式 この一冊で全部わかるセキュリティの基本で学びましょう。イラストがあり、わかりやすく基本を学べます。まずは全体像を学び、それから自分の作品で必要になることを中心に学んでいきましょう。

## セキュリティのおすすめ学習ルート

> イラスト図解式 この一冊で全部わかるセキュリティの基本

次は実践です。自分のコンピュータでサイバー攻撃や防御
の例を動かしながら学びます。

> おうちで学べるセキュリティのきほん

プロのセキュリティ技術者が現場で使用するツールの使い
方を学びます。

> 動かして学ぶセキュリティ入門講座

セキュリティエンジニアが扱う実験環境の作り方を知り、
家でも実践的な学習が行えるようにしましょう。

> ハッキング・ラボのつくりかた　仮想環境におけるハッカー
> 体験学習

攻撃者がどうやって攻撃してくるかを学ぶことも大切で
す。攻撃者の意図や実践手法を学びましょう。

> サイバーセキュリティプログラミング ―Pythonで学ぶハッ
> カーの思考

# 6 ▷ サーバ

　サーバの学び方ルートを紹介します。おすすめ書籍もたくさんあります
が、実際は自分でサーバを作ってみることが一番勉強になります。自分の
コンピュータをサーバにすることができるので、知識がある人は作ってみ
ると理解しやすいと思います。僕は以前、サーバを作ってマニュアルを書
く仕事をしていた時期があり、自分で何個も作ってみることで理解しまし
た。こういうとプロっぽいですが、サーバのデータ（次で紹介するデータベー
ス）をすべて消してしまったことがあり、そのときは手が震えました。そ
んなことにならないように、学び方ルートを紹介します。

## サーバで知っておきたい知識

　クライアントとサーバの違いやサーバの基本は「Web アプリケーショ
ンを作ろう」で説明しましたので、ここでは一般的に使われる具体的なサー
バを 3 種類紹介します。

### ① Web サーバ

　Web ページや Web アプリで使われるサーバです。HTML ファイルや
CSS ファイル、画像ファイルなどが置かれています。Web サーバの場合、
クライアントは基本的に Web ブラウザ(Google Chrome や Safari など)
になります。Web ブラウザが、Web サーバにリクエストをし、Web サー
バ側が要求された Web ページを返します。

　よく使われる Web サーバは、Apache（アパッチ）と Nginx（エンジンエックス）です。Apache は無料でありながら多機能な Web サーバです。ただし大量にアクセスがあった場合にレスポンスが遅くなる欠点があります。その欠点を解決して高速処理を実現したのが Nginx です。

②メールサーバ

　メールを送受信する際に使うサーバです。送信用と受信用に分かれます。メールの送信を行うのが SMTP（Simple Mail Transfer Protocol）サーバ、メールを受信するための機能を提供するのが POP3（Post Office Protocol）サーバです。

　さらにメール送受信の仕組みを成立させるためには、DNS サーバが必要です。DNS サーバは、メールアドレスのドメイン名から、送り先のメールサーバの IP アドレス（インターネット上の住所）を割り出します。また、メールをサーバに置いたまま管理する IMAP（Internet Message Access Protocol）サーバもよく使われます。IMAP を使えば、サーバにメールが保管されるため、スマホやコンピュータなど複数の端末で同じメールを読むことができます。

③FTP サーバ

　FTP（File Transfer Protocol）サーバとは、FTP を使用してファイルの送受信を行うサーバのことです。FTP は日本語ではファイル転送プロトコルと訳されます。なぜ FTP が必要なのかと言いますと、自分が作った Web ページを他の人に見てもらうためには、手元（ローカル）にあるファイルを Web サーバに転送しなければならないからです。

## ┃ サーバの学び方

　自分で作ってみる場合は、以下のサイトがおすすめです。

▼Server World - ネットワークサーバー構築

🗗 https://www.server-world.info/

| Server World | | 他のOS設定 | | コマンド集 | | サーバ自作 |
|---|---|---|---|---|---|---|
| CentOS 7 | | CentOS 7 | | CentOS 5 | | Debian 7 |
| インストール/初期設定 ▸ | | CentOS 6 | | Fedora 27 | | Debian 6 |
| NTP/SSHサーバー ▸ | | Fedora 29 | | Fedora 26 | | Debian 5 |
| DNS/DHCPサーバー ▸ | | Fedora 28 | | Fedora 25 | | Debian 4 |
| ストレージサーバー ▸ | | Debian 9 | | Fedora 24 | | Fedora 12 |
| 仮想化 ▸ | | Debian 8 | | Fedora 23 | | Fedora 11 |
| クラウド基盤 ▸ | | Ubuntu 18.04 LTS | | Fedora 22 | | Fedora 10 |
| コンテナ基盤 ▸ | | Ubuntu 16.04 LTS | | Fedora 21 | | Solaris 10 |
| ディレクトリサーバー ▸ | | SUSE Linux Enterprise 12 | | Fedora 20 | | Ubuntu 17.04 |
| WEBサーバー ▸ | | SUSE Linux Enterprise 11 | | Fedora 19 | | Ubuntu 15.04 |
| データベース ▸ | | Windows Server 2016 | | Fedora 18 | | Ubuntu 14.04 LTS |
| FTP/Samba/MAIL ▸ | | Windows Server 2012 R2 | | Fedora 17 | | Ubuntu 13.04 |
| Proxy/ロードバランサ ▸ | | Windows Server 2008 R2 | | Fedora 16 | | Ubuntu 12.04 LTS |
| システム監視 ▸ | | その他 Tips | | Fedora 15 | | Ubuntu 11.04 |
| 言語/開発環境 ▸ | | 2018年11月22日 2018年11月 | | Fedora 14 | | Ubuntu 10.04 LTS |
| デスクトップ環境 ▸ | | 2018年11月22日 1000円のギ | | Fedora 13 | | Vine Linux 4.1 |
| その他 #1 ▸ | | 2018年11月21日 高耐久・データ容量無制限のクラウドストレー | | | | Scientific Linux 6 |
| その他 #2 ▸ | | | | | | |
| Sponsored Link | | | | | | |

まずは OS を選びます。

| Server World | 他のOS設定 |
|---|---|
| CentOS 7 | インストール |
| インストール/初期設定 | (01) CentOS 7 ダウンロード |
| NTP/SSHサーバー ▸ | (02) CentOS 7 インストール |
| DNS/DHCPサーバー ▸ | 初期設定 |
| ストレージサーバー ▸ | (01) ユーザー追加 |
| 仮想化 ▸ | (02) FireWall & SELinux |
| クラウド基盤 ▸ | (03) ネットワーク設定 |
| コンテナ基盤 ▸ | (04) サービス設定 |
| ディレクトリサーバー ▸ | (05) システム最新化 |
| WEBサーバー ▸ | (06) リポジトリを追加する |
| データベース ▸ | (07) Vim を設定する |
| FTP/Samba/MAIL ▸ | (08) Sudo を設定する |
| Proxy/ロードバランサ ▸ | (09) Cron の設定 |
| システム監視 ▸ | 10. SUSE Linux Enterprise |
| 言語/開発環境 ▸ | 11. Windows Server 2016 |
| デスクトップ環境 ▸ | 12. Windows Server 2012 |
| その他 #1 ▸ | 13. Windows Server 2008 |
| その他 #2 ▸ | 14. その他 Tips のインスト |

すると、このように順番に何をしていけばいいかの手順が出てきます。
すでに知識がある人は、このサイトをもとに作ってみてください。

本で学ぶ場合は、イラスト図解式 この一冊で全部わかるサーバーの基本でまずはサーバの全体像をつかみましょう。

## サーバのおすすめ学習ルート

> イラスト図解式 この一冊で全部わかるサーバーの基本

**サーバの基礎的な事項がわかりやすく書いてある入門書です。**

> これだけは知っておきたい サーバの常識

**実際にサーバを作って動かしてみましょう。**

> ゼロからはじめるLinuxサーバー構築・運用ガイド 動かしながら学ぶWebサーバーの作り方

# 7 ▷ データベース

データベースは、検索や蓄積が簡単にできるように整理された情報の集まりです。家にあるタウンページや辞書もデータベースです。データベースはあなたが作る作品で、多くの場合、使うことになると思います。データベースを使うと、大量のデータを管理でき、探したいデータを簡単に探すことができます。

## データベースで知っておきたい知識

データベースもプログラミングと同じで、データベースを操作する言語が多数存在します。一番有名な言語は SQL です。SQL を使うとデータの取得・登録・更新・削除が可能です。つまり、データベースはデータの入れ物で、SQL はデータベースとやりとりするときに使う言語です。SQLを使った命令については 3 種類に分類できます。

1. データ操作言語（DML）
2. データ定義言語（DDL）
3. データ制御言語（DCL）

データ操作言語は、文字通りデータを操作するときに使う命令です。データを削除したり、更新したり、条件に一致するデータを表示したりする際に使います。

データ定義言語は、データの入れ物を操作する命令です。データを入れ

る入れ物を新しく作ったり、入れ物に入るデータ量を増やしたりするとき
に使います。

　データ制御言語は、データにアクセスできる人を指定するような、デー
タの権限を操作するときに使います。

　データベースの操作では SQL が一般的なのですが、最近は NoSQL と
言って、SQL 以外の言語も台頭してきています。プログラミング言語と同
じで、それぞれ一長一短があります。📖**7つのデータベース 7つの世界**を
読むと、NoSQL のそれぞれの言語の一長一短が学べます。PostgreSQL/
Riak/HBase/MongoDB/CouchDB/Neo4j/Redis が紹介されています。
ただし、この本はかなり上級者向けなので、興味のある人だけ読む形がい
いと思います。

## データベースの学び方

　おすすめのデータベース学習ルートをご紹介します。まずは、📖**楽々
ERD レッスン（CodeZine BOOKS）**です。プログラミングにおいて設計
が必要だったように、データベースにも設計が必要になります。そのため
に使う手段が ERD です。ERD（Entity Relationship Diagram）とは、
ER 図のことで、要素（ひとまとまりのデータ）と要素の関係を表現した図
です。データベースを修得するには、まず ER 図を理解しましょう。

　ER 図を書くのに便利な Web サービスが draw.io です。

　draw.io の中（テンプレート / ソフトウェア /database_3.xml）には ER 図
のサンプルがありますので見てみてください。

　　▼フローチャートや ER 図といった様々な図が作れる draw.io
　🔗 https://www.draw.io/

データベースのおすすめ学習ルート

楽々 ERD レッスン(CodeZine BOOKS)

具体的に SQL を学んでいきましょう。

SQL の絵本 第2版 データベースが好きになる新しい9つの扉

プロの DB エンジニアの方による初級者向け SQL 本。自信がある人は、ステップ2を飛ばしてここから学び始めてもいいと思います。

SQL ゼロからはじめるデータベース操作(プログラミング学習シリーズ)

DB 設計の中級者向け本

達人に学ぶ DB 設計 徹底指南書 初級者で終わりたくないあなたへ

同じ著者による SQL 中級者向け本

達人に学ぶ SQL 徹底指南書 第2版 初級者で終わりたくないあなたへ

こちらも中級者向け。SQL のバイブル

プログラマのための SQL 第4版

ついやってしまいがちな駄目な SQL の書き方を防ぐために。

SQL アンチパターン

Learning Method of Programming

# 8 ▷ 美しいプログラム

　美しいプログラム、つまり、他の人（もしくは未来の自分）が読んで理解できるプログラムを書くための学び方を紹介します。プログラムを美しいということに抵抗があるかもしれません。しかしながら、作品がそうであるように、プログラムもまた作品です。

> 　会社というのは都合のいいように、プログラマには歯車であってほしいと考えます。コードが美しいかどうか、アートかどうかなど関心を持っていません。内面の美は外から見えず、コードに内在しています。ソースコードはアートで、作品なのです。……アーティストは歯車ではない。
>
> *Ruby開発者 まつもとゆきひろ*

## 美しいプログラムで知っておきたい知識

　今は1人で開発していても、将来あなたのプログラムを読む人がきっと現れます。あなたの作品を引き継いだ人かもしれませんし、半年後のあなた自身かもしれません。そのときは、以下の格言を覚えておきましょう。

> 　コーディングは常にこう、心がけるのだ。でき上がったコードを最後にメンテナンスするのが暴力的な精神病者(サイコパシー)で、そして、君の住所を知っていると。
>
> *Rick Osborne*

　つまり、優れたプログラムとは他の人が読んで理解しやすいプログラムです。理解しやすいプログラムを書くための法則をここでは2つ紹介します。

### 変数名や関数名などの名前に、情報を詰め込む

　たとえば、変数名がaだと、そこに何が入るのかわかりませんがheightだと、高さが入るのだな、とわかります。名前には、明確な単語を選びます（GetではなくDownloadなど）。できるだけ具体的な名前にします。接頭辞を使って情報を追加します。

### プログラムからすぐにわかることをコメントに書かない

　大学の授業では、できるだけコメントを書きましょうと教わります。では1行1行にコメントを書けばいいのかというと、そういうわけではありません。コメントは価値あるコメントだけを書きましょう。価値あるコメントとは、新しい情報を提供するか、プログラムをより理解しやすくするコメントです。

## ▌美しいプログラムの学び方

　良いプログラムを書くと決めたら、まずは📖**リーダブルコード ―より良いコードを書くためのシンプルで実践的なテクニック**（Theory in practice）を読みましょう。知っておきたい知識で紹介した内容は、この本から引用したものです。

　変数の名前はとても重要ですが、残念ながら僕たち日本人には適切な英語がわからないときもあります。そんなときは、以下のようなネーミングツールを使ってみてください。

▼codic：プログラマー・システムエンジニアのためのネーミングツール
🔗 https://codic.jp/

## 美しいプログラムのおすすめ学習ルート

> リーダブルコード ―より良いコードを書くためのシンプルで
> 実践的なテクニック（Theory in practice）

プログラミングだけにとどまらず、デバッグやテストまで
含めた作法を学ぶために。

> プログラミング作法

プログラムは一度書いたら終わりではなく、メンテナンス
が必要です。リファクタリング（外面は変えずに内面だけ
書き直すこと）を学ぶために。

> 新装版 リファクタリング―既存のコードを安全に改善する―

「実装パターン」とは、コードを通じたコミュニケーション
を重視するプログラミングのためのパターンです。「相手
にこのコードで何を伝えたいのか」を自問する思考方法を
学ぶために。

> 実装パターン

上巻は設計やプログラミング、下巻はテストやデバッグを
扱っています。分厚いですが、ノウハウが凝縮されている
ので時間がある人はぜひ。

> CODE COMPLETE 第2版 上 完全なプログラミングを目指
> して

# 9 ▷ アルゴリズム

アルゴリズムとは、問題の解き方（計算方法）です。例えば Google で、どのページを 1 ページ目に表示するか、の計算方法です。

## アルゴリズムで知っておきたい知識

アルゴリズムの中でも頻繁に使うものが、ソートアルゴリズムです。データを、昇順や降順に並べ替える作業をソート（整列）と言います。ここでは有名なソートアルゴリズムを 2 つ紹介します。

### ①バブルソート

バブルとは泡を意味します。ソートをする過程で、データが移動する様子が泡が浮かんで行くように見えることから名前がついています。数字がバラバラに縦に並んでいるとします。バブルソートでは、一番下のデータを上の要素と比較し、上のほうが大きければ互いに交換する、という手順を繰り返します。そうすると、小さい数字が交換され、徐々に上に上がっていきます。

### ②マージソート

マージソートは、並べ替えたい配列（データを一列に並べたもの）を分割していき、マージ（併合）していくことで、並び替えを実現するアルゴリズムです。配列を、小さい配列へ分解していき最も小さい配列（1 個の

要素）まで分解できたら、２つの配列の先頭から小さい方を取り出して新しい配列を作ります。たとえば、「8、6、7、1」というデータがあったとき、「8、6」と「7、1」の２つに分けます。さらに「8」「6」「7」「1」に分け、小さい方を先頭にマージします。「6、8」「1、7」になります。次に、先頭を比べて小さい方を取り出して新しい配列を作ると「1、6、7、8」と昇順に並んだ配列が完成です。

## アルゴリズムの学び方

まずは、📖世界でもっとも強力な９のアルゴリズムで世界を動かしているアルゴリズムを知りましょう。こちらで紹介されているアルゴリズムは下記の９個です。

- 検索エンジンのインデクシング
- ページランク
- 公開鍵暗号
- 誤り訂正符号
- パターン認識
- データ圧縮
- データベース
- デジタル署名
- 計算不能性

上記のアルゴリズムは３つの特徴を持っています。それは、コンピュータユーザーが毎日使っており、現実の世界の具体的な問題を解決しており、コンピュータ科学理論に関係していることです。つまり、この本を読むとアルゴリズムがいかに僕たちの生活に影響を及ぼしているのかを知ることができます。僕はこの本を読んだとき、プログラミングの可能性にとてもワクワクしました。

実際にアルゴリズムを使うためには、数学の知識が必要になります。数

式を見るだけで嫌になるという人も多いと思いますので、まずは小説形式でアルゴリズムで重要となるオーダーの概念を学べる🔖**数学ガール／乱択アルゴリズム（数学ガールシリーズ 4）**をお勧めします。

　その後は、実際にプログラミングに使える実践的なアルゴリズムを学んでいきましょう。お勧めは🔖**プログラミングコンテスト攻略のためのアルゴリズムとデータ構造**です。

 **アルゴリズムのおすすめ学習ルート**

> 世界でもっとも強力な9のアルゴリズム

**数学と聞いて怯えないでください。小説形式で楽しく、アルゴリズムで重要なオーダーの概念を学べます。**

> 数学ガール／乱択アルゴリズム（数学ガールシリーズ 4）

**「アルゴリズム」と「データ構造」の基礎を、実際に手を動かしながら学ぶために。**

> プログラミングコンテスト攻略のためのアルゴリズムとデータ構造

**実際のプログラミングに活かせる実用的なアルゴリズムを理解するために。**

> 珠玉のプログラミング 本質を見抜いたアルゴリズムとデータ構造

**さらに本格的にアルゴリズムを学ぶために。**

> アルゴリズムイントロダクション 第3版 総合版（世界標準MIT教科書）

# 10 ▷ コンピュータサイエンス

　今まで、さまざまな分野をご紹介してきました。あまりに多くて、クラクラしている方もいらっしゃるかもしれません。しかし、僕たちが今まで知った世界が、まだコンピュータの世界のほんの一部だったと言ったら、卒倒してしまいそうですよね。残念ながら、これは事実です。

## ┃ コンピュータサイエンスで知っておきたい知識

　僕たちが今まで学んできた範囲は、コンピュータサイエンスで言うところの「アプリケーションまたはシステム設計」にあたります。僕たちはアプリケーションを、「高水準言語（紹介した数々の言語）とOS（オペレーティングシステム）」を使って開発する方法を学びました。しかし、その先があります。その下、というべきかもしれません。僕たちが書いたプログラムは、言ってしまえばテキストファイルに書かれた文字列です。この文字列を、0と1しか理解できないコンピュータに理解させなければいきません。そのためには「翻訳作業（コンパイル）」が必要です。翻訳されて、プログラムは最終的には「機械語」と呼ばれるテキストファイルになります。しかし、これでもまだ抽象的です。コンピュータは物理的な存在ですから、何らかのハードウェアアーキテクチャによって、機械語は具現化されます。このアーキテクチャの実装には、回路が使われます。回路に使われるハードウェアデバイスは、基本論理ゲートからできており、これらのゲートはさらに原始的なゲートからできていて……。安心してください、アプリケーショ

ンを作るだけなら、これらの知識は必要ありません。しかし、優れたプログラマは知っています。

## コンピュータサイエンスの学び方

　プログラミングは、コンピュータサイエンスを学ぶ最高のきっかけになります。自分が書いたプログラムが一体全体どうやってコンピュータが理解するのか、気になりますよね。まずは、📖**プログラムはなぜ動くのか**から入りましょう。本書は、コンピュータを全然知らないという人でも、どうやってプログラムが動くのかがとてもわかりやすく説明されています。

　学習ルートには入れていませんが、📖**コンピューター＆テクノロジー解体新書**もぜひ読んでもらいたい書籍です。分厚くて値段も張りますが、技術好きにはたまらない一冊です。

 ## コンピュータサイエンスのおすすめ学習ルート

> プログラムはなぜ動くのか

コンピュータの基本的な概念や原理をまなべる名著。実は棒と糸でコンピュータが作られるって聞いたら、ワクワクしませんか。

> 文庫 思考する機械コンピュータ（草思社文庫）

コンピュータの歴史を楽しく学びましょう。前提知識がなくても読めます。

> 痛快！コンピュータ学（集英社文庫）

コンピュータについて理解するには、１から自分で作ることが一番です。

コンピュータシステムの理論と実装 ―モダンなコンピュータ
の作り方

オートマトン、チューリングマシン、ラムダ計算といった
計算理論をRubyを使って手を動かしながら学ぶために。

アンダースタンディング コンピュテーション ―単純な機械
から不可能なプログラムまで

　ここで僕の黄金律を披露しよう。
　一つ目は「自分がして欲しいことを人にもしてあげよう」。このルー
ルを遵守すれば、どんな状況にあっても自分がどんな行動をとるべき
かちゃんとわかるというわけ。二つ目は「自分のすることに誇りを持
て」。三つ目は「そして楽しめ」。

リーナス・トーバルズ

（Linux開発者,著書：それが僕には楽しかったから　より引用）

# 第6章

# プログラミングを楽しく
# 体験してみよう

　さて、ここまでの章で学習法をお伝えしました。そこで試しに、簡単なプログラミングに挑戦してみましょう。特に、今まで書籍に挑戦したけど、難しくてだめだったとか、一度挫折した人向けに、楽しくプログラミングを体験できるサービスを3つ紹介します。プログラミングの基本は「順次」「条件分岐」「繰り返し」だとお伝えしました。この章では、この基本の3つを学べるサービスを紹介します。

# 1 ▷ CodeMonkey

まずは、順次と繰り返しを CodeMonkey で体験してみましょう。

CodeMonkey は、子供から大人まで、ゲーム感覚で実践的なプログラミングを学習できるサービスです。無料版と有料版があり、無料版では最初の 30 ステージに挑戦できます。順次と繰り返しを体験するだけなら 30 ステージで十分です。

▼CodeMonkey 公式サイト

🔗 https://codemonkey.jp/

［無料体験開始］をクリックします。

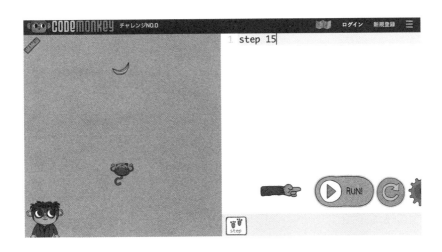

　ゲームが始まるとこのような画面になり、主人公のお猿さんをプログラミングで操作してバナナ獲得を目指します。順次と繰り返しについて学ぶことができます。

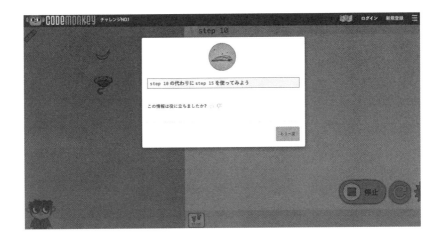

　間違えるとこのように教えてくれるので、学習になりますね。間違いを恐れず、どんどん書いて実行してみましょう。

Learning Method of Programming

## 2 ▷ Hour of Codeの MineCraft

次に、条件分岐を Hour of Code（アワーオブコード）の MineCraft で学びましょう。

Hour of Code は、Code.org が世界的に主唱するプログラミング教育活動で、特定非営利活動法人みんなのコードが日本国内の展開を推進しています。オンライン上でプログラミングを学べる様々な教材が提供されており、その中に MineCraft があります。

▼ Hour of Codeの MineCraft
🔗 https://code.org/minecraft

### MinecraftのHour of Codeチュートリアル

多言語対応 | 最新ブラウザ、タブレット | 小学校2年生以上

左下の Minecraft アドベンチャー欄の［はじめる］をクリックします。

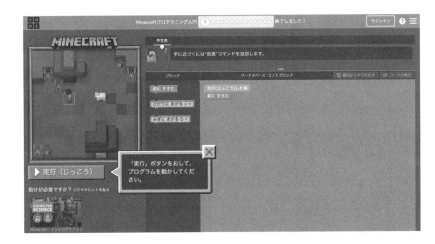

Minecraft は Codemonkey と違い、プログラムを打つのではなくブロックを組み立てることでプログラミングを行います。

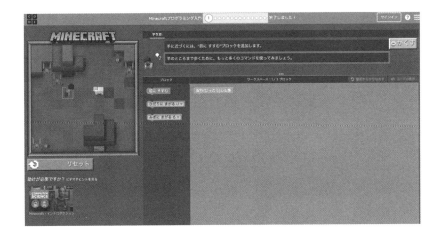

マインクラフトでも、間違えるとこのようにヒントを教えてくれるので、学習になります。

Learning Method of Programming

# 3 ▷ CODE COMBAT

　最後に、もう少し複雑になった、順次、繰り返し、条件分岐を、CODE COMBAT を使って学びましょう。

　CODE COMBAT は、アメリカの教育会社が作ったサービスです。

▼一番ステキなプログラミング学習ゲーム CODE COMBAT
🔗 https://codecombat.com/

コンピュータサイエンスが学べる箱の中の教室

CodeCombatは**生徒のための**実際にゲームを遊びながらコンピュータサイエンスを学べるプラットフォームです

私たちのコースはそれまでプログラミング経験がなかった先生でも**教室ですばらしいプレイテストをされています。**

*どうやってCodeCombatはCSの学び方を教えてるか見てみる。*

生徒がコードを書くとリアルタイムでその変更による変化を見れます

### ■CODE COMBAT トップページ

CODE COMBAT は、ゲームの世界でプログラミングを体験することができます。トップページの［今すぐプレイ］を押してください。

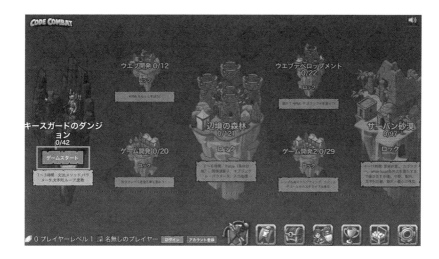

無料で体験できるのは、最初の「キースガードのダンジョン」になります。「ゲームスタート」をクリックしてください。

187

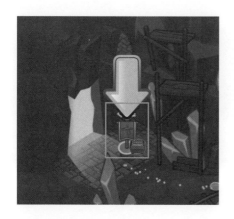

黄色い矢印通りに進めていけば大丈夫です。旗をクリックしましょう。

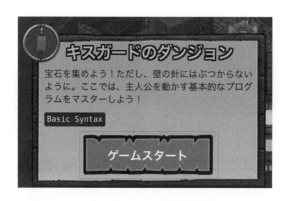

［ゲームスタート］をクリックします。

　自分がプログラミングで動かすヒーローの選択画面です。また、プログラミング言語を選ぶことができます。今回は Python を選んでみましょう。[次へ]をクリックします。

　ヒーローの装備をつけることで、新しいプログラミングの技が使えるようになります。まずは靴をダブルクリックして装備してみましょう。

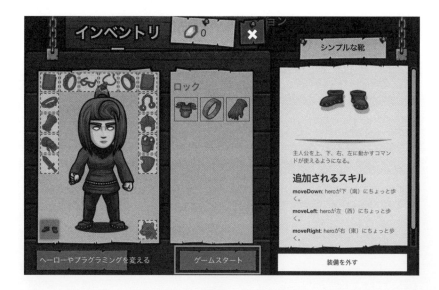

　靴を装備することで、「move」コマンドが使えるようになりました。［ゲームスタート］をクリックしましょう。

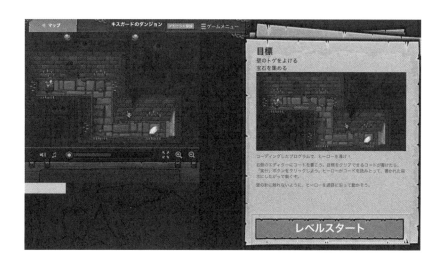

　レベルの説明が始まります。ヒーローをプログラミングで動かし、目標であるダイヤを目指します。［レベルスタート］をクリックしましょう。

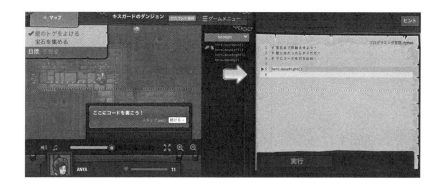

　コードは、実際にタイピングする形式（ブロックではない）です。プログラミングは上から下に実行されます。6行目に、続きのプログラムを書いてみましょう。

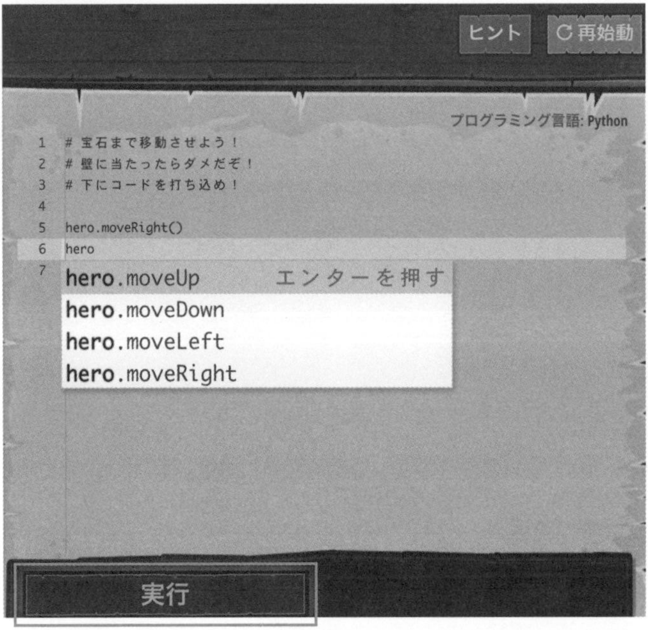


「hero」と書くと、候補が表示されるので、選んで Enter キーを押すと入力されます。[実行] を押すとプログラムが実行され、左側の画面でヒーローがあなたのプログラムの通りに行動します。クリアできましたか？

　ちなみに、プログラムはどんどん難しくなっていきます。最後の方では、上記のような複雑なプログラムを学べます。ぜひ、体験してみてください。

　他にも、ゲーム形式でプログラミングを学べるサービスがあります。中でもおすすめが、HackforPlay です。

　▼ HackforPlay
　 https://www.hackforplay.xyz/

　ゲームの世界はプログラムでできています。そのプログラムを直接書き換えることで、ダンジョンを進んでいきます。ぜひ、チャレンジしてみてください。

　プログラミングを学んで、自分で作品を作れるようになったら、コンテストやハッカソンに参加してみましょう。

　プログラミングの勉強を始めたのはコンピュータサイエンスの全て
を知りたいとか、原則をマスターしようとかそんなことではまったく
ありませんでした。

　ただ、やりたいことが1つあって、自分と自分の妹たちが楽しめる
ものを作りたいと思っていたんです。

　始めはすごく小さいプログラムを書いて、そこに少しだけ何かを足
して、そこから、本とかインターネットで、新しく調べなくてはなら
ないことが出てきました。

　　　　　　　　　　　　　　*Facebook CEO マーク・ザッカーバーグ*

# 第7章

# プログラミング コンテストに参加して みよう

　プログラミングコンテストとは、プログラミングの能力や技術、作品を競い合うコンテストです。ただし、プログラミングコンテストと一口で言っても様々な種類があります。この章では、大きく3種類に分けてプログラミングコンテストを紹介します。

# 1 ▷ プログラミングコンテストに参加するメリット

では、プログラミングコンテストに参加するメリットは何でしょうか。僕は大きく3つあると思っています。

## 受賞歴という実績が次のステージにつながる

「プログラミングができます」と言っても、どのくらいできるのかわかりません。「U-22 プログラミングコンテストに受賞しました」と言うと、一人で作品を作れるレベルなのだなとわかります。

つまり、受賞歴とは実績であり信頼です。実績は次のステージにつながります。例えば、U-22 プログラミングコンテストで良い成績を取ると、経産省 IPA の未踏事業に推薦されます。未踏事業は、年約 240 万円という予算をもらい、自分の作りたい作品作りに挑戦できるプログラムです。

僕も 2017 年度に未踏クリエイターに選ばれました。著名な卒業生として、筑波大学准教授の落合陽一先生がいます。落合先生が未踏事業の説明をされている動画が、とてもワクワクするのでおすすめです。

▼落合陽一先生講演 未踏の魅力を知ろう：小中高生向け未踏説明会
🔗 https://www.youtube.com/watch?v=V6SlZRn4f9M

中高生であれば、プログラミングの知識や受賞歴はそのまま大学受験にも使えます。以下の例のように、プログラミングができる学生を優遇する制度がある大学も出ています。

▼未踏ジュニアの成績優秀者が慶應義塾大学SFCのAO入試出願資格に認定

🔗 https://prtimes.jp/main/html/rd/
　　p/000000005.000022934.html

▼【千葉大学】飛び入学制度「先進科学プログラム」が2020年度よりプログラ
マー対象入試開始

🔗 https://globaledu.jp/【千葉大学】飛び入学制度「先進科学
　　プログラム-28377.html

　プログラミングができる子供は、大学受験をパスできる時代が、すでに来ています。その際に実力の証明をする手段として、コンテストは最有力候補です。

## 目標として設定しやすい

　コンテストには応募締め切りがあります。1人で作品を作っていると、どうしてもダラダラ作ってしまいがちです。コンテストまでに作品を作ろうと思うと、具体的な目標を決めることができます。例えば、1ヶ月前には作品が動くようにしようとか、1週間前には応募用紙を書き始めよう、など。ぜひ、コンテストを目標に、自分の作品を作ってみてください。

## レベルの高い同世代を知る

　コンテストには、全国から同世代のプログラミングが得意な仲間が集います。刺激を受けることは間違いないし、次に自分が何に挑戦するかも見えてきます。僕自身、U-22プログラミングコンテストの最終発表の日に2人友だちができました。その友人たちが、次は未踏に挑戦すると言っていて、未踏の存在を知りました。

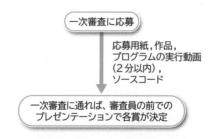

Learning Method of Programming

# 2 ▷ 国内の有名なプログラミングコンテスト

国内の、有名なプログラミングコンテストを3種類紹介します。

## ▎作品（ソフトウェア）の評価を競うコンテスト

　プログラミングを使って作品を作り、応募する形のコンテストです。プログラミングコンテストの中では、最も一般的な形式です。

　国内で一番有名な作品コンテストとして、「U-22 プログラミングコンテスト」があります。名前の通り、22歳以下の若手プログラマーの登竜門的コンテストです。U-22 プログラミングコンテストの場合、応募ジャンルは不問です。

一次審査に応募

応募用紙，作品，
プログラムの実行動画
（2分以内），
ソースコード

一次審査に通れば、審査員の前での
プレゼンテーションで各賞が決定

▼U-22プログラミングコンテスト
🔗 https://u22procon.com/

▼全国高専専門学校プログラミングコンテスト

http://www.procon.gr.jp/

▼第14回 ふりーむ！ゲームコンテスト

https://www.freem.ne.jp/contest/fgc/14

## アルゴリズムに関する問題を解く速さを競うコンテスト

問題に対して、プログラミングで回答する形式のコンテストです。

　　問題「AとBの2人のプレーヤーが，0から9までの数字が書かれたカードを使ってゲームを行う．最初に，2人は与えられたn枚ずつのカードを，裏向きにして横一列に並べる．その後，2人は各自の左から1枚ずつカードを表向きにしていき，書かれた数字が大きい方のカードの持ち主が，その2枚のカードを取る．このとき，その2枚のカードに書かれた数字の合計が，カードを取ったプレーヤーの得点となるものとする．ただし，開いた2枚のカードに同じ数字が書かれているときには，引き分けとし，各プレーヤーが自分のカードを1枚ずつ取るものとする．

　　例えば，A，Bの持ち札が，以下の入力例1から3のように並べられている場合を考えよう．ただし，入力ファイルは$n+1$行からなり，1行目には各プレーヤーのカード枚数nが書かれており，$i+1$行目（$i=1$, $2,\ldots,n$）にはAの左から$i$枚目のカードの数字とBの左から$i$枚目のカードの数字が，空白を区切り文字としてこの順で書かれている．すなわち，入力ファイルの2行目以降は，左側の列がAのカードの並びを，右側の列がBのカードの並びを，それぞれ表している．このとき，ゲーム終了後のAとBの得点は，それぞれ，対応する出力例に示したものとなる．

　　入力ファイルに対応するゲームが終了したときのAの得点とBの得点を，この順に空白を区切り文字として1行に出力するプログラムを作成しなさい．ただし，$n \leqq 10000$とする．」

## Card Game

Time Limit : 1 sec, Memory Limit : 131072 KB

JOI 2005

ＡとＢの２人のプレーヤーが，０から９までの数字が書かれたカードを使ってゲームを行う．最初に，２人は与えられた n 枚ずつのカードを，裏向きにして横一列に並べる．その後，２人は各自の左から１枚ずつカードを表向きにしていき，書かれた数字が大きい方のカードの持ち主が，その２枚のカードを取る．このとき，その２枚のカードに書かれた数字の合計が，カードを取ったプレーヤーの得点となるものとする．ただし，開いた２枚のカードに同じ数字が書かれているときには，引き分けとし，各プレーヤーが自分のカードを１枚ずつ取るものとする．

例えば，Ａ，Ｂの持ち札が，以下の入力例１から３のように並べられている場合を考えよう．ただし，入力ファイルは n + 1 行からなり，１行目には各プレーヤのカード枚数 n が書かれており，i + 1 行目（i = 1, 2, …, n）にはＡの左から i 枚目のカードの数字とＢの左から i 枚目のカードの数字が，空白を区切り文字としてこの順で書かれている．すなわち，入力ファイルの２行目以降は，左側の列がＡのカードの並びを，右側の列がＢのカードの並びを，それぞれ表している．このとき，ゲーム終了後のＡとＢの得点は，それぞれ，対応する出力例に示したものとなる．

　入力ファイルに対応するゲームが終了したときのＡの得点とＢの得点を，この順に空白を区切り文字として１行に出力するプログラムを作成しなさい．ただし，n ≤ 10000 とする．

| 入力例1 | 入力例2 | 入力例3 |
|---|---|---|
| 3 | 3 | 3 |
| 9 1 | 9 1 | 9 1 |
| 5 4 | 5 4 | 5 5 |
| 0 8 | 1 0 | 1 8 |

| 出力例1 | 出力例2 | 出力例3 |
|---|---|---|
| 19 8 | 20 0 | 15 14 |

　想像しづらいので、具体例を Aizu Online Judge から引用しました。上記のように、入力例に対して、出力例と同じ出力ができるプログラムを書いていきます。このとき、Memory Limit（メモリ制限）があることに注意です。例え出力が同じでも、遅すぎるプログラムは不正解になります。プログラミング能力に加えて、問題を理解する力が重要になります。

▼AIZU ONLINE JUDGE: Programming Challenge
⤷ http://judge.u-aizu.ac.jp/onlinejudge/

▼AtCoder
⤷ http://atcoder.co.jp/

## ソフトウェアやネットワークのセキュリティ上の問題点を見つけることを競うコンテスト

キャプチャー・ザ・フラッグ（CTF）と呼ばれる形式が一般的で、オンラインハッキング技術コンテストとも呼ばれています。CTFは大きく、クイズ形式と攻防戦形式に分かれます。

**攻防戦形式：サーバーを渡されて、自分のサーバーを守ったり、相手のサーバーを攻撃したりする**
**クイズ形式：運営のサーバーやファイルなどから隠されたFlag（文字列）を探す**

オンラインで開催されているものはクイズ形式がほとんどです。CTFで国内においていちばん有名なコンテストはSECCONです。

▼SECCON 2018
🔗 https://2018.seccon.jp/

プログラミングコンテストとしては、ここまでで紹介した上記3つのカテゴリーが有名です。他にも、ソースコードの文字数（バイト数）の小ささを競うコンテストや、人工知能（AI）を作って競うコンテスト、ロボットコンテストなどがあります。

他にも様々なコンテストがあります。ぜひ、挑戦してみてください。受賞できないことを怖がる必要はありません。あるコンテストで受賞できた作品が、他のコンテストで一次審査落ちなどはざらにあります。僕自身も応募して受賞できなかったコンテストは数え切れないほどあります。

　オタクには親切に。あなたたちは、いつか、彼らの下で働くことに
なるでしょうから。

*Microsoft CEO ビル・ゲイツ*

# 第8章

# ハッカソンに
# 参加してみよう

　ハッカソンとは、プログラマーやデザイナーから成る複数の参加
チームが、マラソンのように、数時間から数日間の与えられた時間を
徹してプログラミングに没頭し、アイデアや成果を競い合う開発イベ
ントです。簡単に言うと、アイデアのある人や、プログラマー、デザ
インのできる人など様々なスキルを持つ人が集まって、チームになっ
て数日間で作品を作り、競い合うようなイベントです。ハック＋マラ
ソンで、「ハッカソン」というのが由来です。どのような人が参加す
るのかというと、プログラミング上級者から初心者、デザイナーやプ
ランナーなど、専門に限らず様々な人が集まります。真面目な開発イ
ベント、というよりは、少しエンターテーメント寄りで、みんなで協
力して楽しく開発をしよう、という雰囲気です。

Learning Method of Programming

# 1 ▷ ハッカソンに参加する メリット

ハッカソンに参加するメリットは、大きく6つあります。

## ①自分のプログラミングスキルを試せる

皆さんは、本書でプログラミングスキルを高める学習法を身につけたと思います。その力試しの場として、ハッカソンはおすすめです。チームで開発するので、わからないことがあっても上級者の方に聞くことができて、安心して力試しができます。

## ②プログラミングスキルが上がる

ハッカソンでは、わからないところはお互いに教え合いながら開発をするため、プログラミングスキルを上げることができます。特に、テーマが決まっているハッカソンは、新しい技術にチャレンジする機会になります。

僕自身、自分のスキルを伸ばしたいので、知らない用語が書いてあるハッカソンには積極的に参加することにしています。また、普段使えないような高価な機器を使えることも特徴です。例えば、僕自身はVR機器を持っていませんが、VRハッカソンに参加してVRアプリケーションを開発する経験を積めました。

## ③多彩な人と出会える

ハッカソンには、様々な人がいます。プログラマが多くを占めるのですが、その他にもデザイナー、ゲームクリエイター、学生から社会人まで、とにかくたくさんの人がいます。ハッカソン終了後も、プロジェクトを続けたり、新しいことを一緒にしたりと、ハッカソンで出会った人が人生において重要な協力者となることも少なくありません。

残りの3つのメリットは、プログラミングができない人でも参加する価値があるということをお伝えしたいので、ハッカソン経験者の雨宮さんに紹介してもらいます。

**はじめまして。雨宮優佳です。私は、プログラミングスキルはまったくないのですが、ハッカソンに何度か参加し、システムやアプリの開発を行いました。非プログラマの目線からのメリットをお伝えしたいと思います。**

## ④自分のアイデアが形になる

（雨宮）プログラミングができない私にとって、アイデアがあってもそれを形にする術はなかなかありませんでした。ハッカソンに参加すると、アイデアを発表する機会があり、自分のアイデアをいいと思ってくれた人がチームメンバーとして一緒に開発をしてくれます。今まで眠らせていたアイデアが形になる経験は、素晴らしいものですよ。もちろん、アプリやシステムのアイデアがなくても、「こんなデザインどうかな」「キャラクターのイメージこんなのどうかな」という小さなアイデアでも大丈夫です！

## ⑤受賞歴が手に入る

（雨宮）私は、2回のハッカソンで以下の受賞歴を得ることができました。

赤十字国際委員会共催「Japan XR Hackathon 2017 広島」2位
レッドハッカソンアイデア部門1位
Date Spider賞受賞
kintone賞受賞

ハッカソンでは、企業賞がもらえたり、更なるコンテストへの出場権がもらえたりと様々なチャンスがあります。受賞歴をつけたい人にはおすすめです！

## ⑥自分の強みがわかる

（雨宮）自分の強みって、意外と自分ではわからないものです。ハッカソンに参加すると、作品を作る上での作業を分担してするのですが、意外と自分にしかできない仕事があったり、周りから褒められる場面があります。

　私の場合、アイデア部門で投票1位になって、「自分はアイデアを出すのが得意なんだ」、発表用のスライドを褒められ、「資料作るの得意なんだ」と気づくことができました。ハッカソンは、普段自分がいる環境を離れ、様々な分野の人たちと開発をするため、わからなかった自分の良さに気づくことができる機会でもあるのです。プログラミングの得意な分野も、気付けるかもしれませんね。

　最後に1つ付け加えたいのが、ハッカソン初心者の人が求められているということです。プログラミングができない私が参加しても、とても歓迎されました。今までそういう分野にいなかった人だからこそ出せるアイデアもあります。皆さん、ぜひハッカソンに参加してみてくださいね！

Learning Method of Programming

# 2 ▷ 国内の有名なハッカソン一覧

ここでは、国内の有名なハッカソンをご紹介します。地域ごとに開催されることも多いので、定期的にチェックしておきましょう。ハッカソンに出るようなプログラマーの人たちをSNSでフォローしておくと良いと思います。

## JPHACKS

学生を対象にした日本最大規模のハックイベントで、2014年より全国の複数都市で開催されています。

▼JPHACKS
🔗 https://2018.jphacks.com/

## NASA Space Apps Challenge

2012年より年1回、世界同時開催されているNASA公式の国際的なハッカソンです。

▼NASA Space Apps Challenge
🔗 https://www.spaceappschallenge.org/

**8**

## ‖ Hack Day

　Hack Day は、プログラマやデザイナーがテクノロジーを使って、ものづくりの Hack（創意工夫）を楽しむイベントです。

　▼Yahoo Japan! Hack Day
　🔗 https://hackday.jp/

ハッカソン情報が集まっているサービスも活用してください。

　▼ハッカソンのIT勉強会・セミナーを探すなら TECH PLAY
　🔗 https://techplay.jp/tag/hackathon

Learning Method of Programming

# ▷ おわりに ◁

## 僕はどうやってプログラミングを独学で学んだか

　ここまで、プログラミングの学習方法をお伝えしてきました。最後に、僕が自由に作品を作れるまでに学習した方法を簡単にお伝えします。非効率的なこともたくさんしているので、同じことをする必要はありません。

- プログラミング本を読みあさった
  例えば当時Unityに関する国内で出版されている書籍を全部読み、海外書籍も読んでいました。本屋のコンピュータの棚をすべて読破することを目標にしていました。
- プロのプログラムを印刷して寝る前に読んでいた
  受験勉強みたいですが、周りにできる人がいなかったのでネットからダウンロードして読んでいました。Unityで言えば、Asset Storeで購入した作品のコードを読んでいました。
- プログラムのフレームワーク(ソフトを作る汎用的な機能をまとめたプログラム)を読んで、改造した
  オープンソースで提供されているフレームワーク自体のプログラムを印刷して読み、改造していました。
- 40作品以上を開発し、市場にリリースした
  作っては出して低評価をもらって改善しての繰り返しです。
  実際に作った作品リストをブログに載せています。くだらないアプリがたくさんで面白いですよ。
  https://rebron.net/blog/portfolio/
- 競技プログラミングの問題を解きまくった
  競技プログラミングと呼ばれるジャンルのWeb上にある問題を50題以上、解きました。ただし、競技プログラミングは結局好きになれませんでした。人が作った課題を解くので、テストを受けている感覚です。

- 競技プログラミングの答えを壁に貼ってアルゴリズムを覚えた
  競技プログラミングは良い答え（早いプログラム）が公開されるので、それを印刷して壁に貼って覚えていました。けど覚える必要はなかったです。
- チーム開発やアジャイル開発を学べる合宿プログラム（enPiT）に参加した。イベントは、チーム開発を体験できる貴重な機会です。
- 未踏プログラムやSecHack365などの育成プログラムに参加してチームで作品を作った
  IT人材の育成プログラムは学びが多く、実績にもつながるのでおすすめです。
- 様々なハッカソンに参加した（JPHACKSやレッドハッカソンなど）
  ハッカソンに多々参加しました。
- 技術ブログを書いていた
- プログラマの人たちから学習法をたくさん聞いた。ネット掲示板で聞いたり、SNSで聞いたり、シリコンバレーに行って聞いたりしました。

　僕の独学方法を読むと、ここまでしなければいけないのか、と思うかもしれません。

　当然、そんなことはありません。僕は熱中すると止まらない性質なので、プログラミングにハマったときは、朝起きて寝るまでずっとプログラミングしている状態でした。1食しか食べていなかったので、体重が51kgまで落ちました。

　大学入学時は71kgあったので、ダイエット方法としても使えるかもしれませんね（笑）。しかし、僕のようにハマりやすい人は、注意してください。プログラミングは楽しいし、終わりが無いので下手するとゲームより脅威かもしれません。

　他の人と競う必要はありません。自分の目的・目標に向かって、自分のペースで作品作りに取り組んでください。競うべきは、昨日の自分だけです。

　昨日の自分より少しでも目標に近づいていれば、焦る必要はありません。

> 未来を予測する最善の方法は、それを発明することだ
> 　　　　　　パーソナルコンピュータの父　アラン・ケイ

## おわりに

　どうだったでしょうか。これからプログラミングを学び、作品作りを目指す人のコンパスとして本書が機能してくれたら嬉しいです。

　僕は技術書を読むと、抑え切れないほど感謝の気持ちがこみ上げてきます。この知識をこの値段で読めていいのか、と。本書を書くにあたって、さまざまな本や論文、Web ページを参考にさせていただきました。この場を借りてお礼を申し上げます。ありがとうございました。

　Amazon レビューにはすべてコメントの形で返事を書きます。ぜひ、本書の改善点や、これを追加してほしいなどのご要望、質問などお待ちしております。貢献によっては、謝辞にお名前を掲載させていただくご連絡を差し上げることがあります。本書は、まだまだ不完全です。本書を読んでくださったあなたの意見を反映させて、よりよい作品に仕上げたいと考えています。

　ここまで読んでいただき、ありがとうございました。

## 謝辞

　本書は、以下の方々の多大なる貢献によって作られた作品です。この場をお借りして感謝いたします。ありがとうございました。(敬称略・順不同)

**雨宮優佳 / 山内孝志 / 中村芽莉 /TakeruHayasaka(@takemioIO) / 伊藤工太郎 / 斎藤拓也 / 松本文彦 / 松浦康之 / 中山ところてん / 鈴木遼 / 浅井直湖 / 濱本常義 / 佳山こうせつ / 江角寛暁 / 山崎泰晴 / 池邉友大 / 石野響 / 横山雄哉 / 中山ジョシュア / 後久保真奈美 / 田上諭 / 管仕成 / 椎原昌大 / 北村啓容**

# ▷ 参考文献 ◁

## ‖ 1章

●コンピュテーショナルシンキング
**コンピュテーショナルシンキング** 共立出版(2016/3/25)
●コンピュータ科学者の思考法
**Computational Thinking - Carnegie Mellon School of Computer Science**
JM Wing
https://www.cs.cmu.edu/~CompThink/resources/TheLinkWing.pdf
●計算論的思考
**計算論的思考 - Carnegie Mellon School of Computer Science**
中島秀之
https://www.cs.cmu.edu/afs/cs/usr/wing/www/ct-japanese.pdf

## ‖ 2章

●後方プランニング
**Relative Effects of Forward and Backward Planning on Goal Pursuit.**
Park J, Lu FC, Hedgcock WM
https://www.ncbi.nlm.nih.gov/pubmed/28910234

## ‖ 3章

●例題とその解法からの学習
**Effects of Schema Acquisition and Rule Automation on Mathematical Problem-Solving Transfer**
https://www.researchgate.net/publication/232547938_Effects_of_Schema_

Acquisition_and_Rule_Automation_on_Mathematical_Problem-Solving_Transfer

● 例題の三条件

**From example study to problem solving: Smooth transitions help learning**

Alexander Renkl, Robert Atkinson, Uwe H. Maier, Richard Staley
https://www.researchgate.net/publication/232547938_Effects_of_Schema_Acquisition_and_Rule_Automation_on_Mathematical_Problem-Solving_Transfer

● 仮説検証的試行錯誤

**ディープアクティブラーニングを指向した課題設計法としてのオープン情報構造アプローチ：外在タスク・メタ問題・仮説検証的試行錯誤** 平嶋宗（2018）

https://confit.atlas.jp/guide/event-img/jsai2018/4H2-OS-9b-01/public/pdf?type=in

● 2種類の例題学習

**Effects of Worked Examples, Example-Problem Pairs, and Problem-Example Pairs Compared to Problem Solving**（2010）

https://www.researchgate.net/publication/254913232_Effects_of_Worked_Examples_Example-Problem_Pairs_and_Problem-Example_Pairs_Compared_to_Problem_Solving

● テスト後の学生の記憶保持率の上昇

**Jeffrey D. Karpicke\*, Janell R. Blunt**：Retrieval Practice Produces More Learning than Elaborative Studying with Concept Mapping, Vol. 331, Issue 6018, pp. 772-775, Science 11 Feb（2011）.

● Tutor Learning Effect

**Roscoe&,R. D.,&Chi,M.T.H The influence of the tutee in learning by peer tutoring.Proceedings of the meeting of the Cognitive Science Society,Chicago,IL**（2007）.

● 言語化の効果

**伊藤貴昭，学習方略としての言語化の効果，教育心理学研究**,57,237-251,（2009）.

● 自己評価

**「努力はいらない！「夢」実現脳の作り方」**苫米地英人

● 脳が認める勉強法

● エンジニアの知的生産術

**「エンジニアの知的生産術 ──効率的に学び、整理し、アウトプットする」**西尾 泰和

213

# ▷本書で紹介している書籍一覧◁

## ｜Webページのおすすめ書籍

- スラスラわかるHTML&CSSのきほん 第2版（狩野 祐東, SBクリエイティブ）
- これからWebをはじめる人のHTML&CSS、JavaScriptのきほんのきほん（たにぐちまこと, マイナビ出版）
- 本当によくわかるWordPressの教科書 はじめての人も、挫折した人も、本格サイトが必ず作れる（赤司 達彦, SBクリエイティブ）
- 沈黙のWebマーケティング －Webマーケッター ボーンの逆襲－ ディレクターズ・エディション（松尾 茂起, 上野 高史, エムディエヌコーポレーション）
- 沈黙のWebライティング —Webマーケッター ボーンの激闘— 〈SEOのためのライティング教本（松尾 茂起, 上野 高史, エムディエヌコーポレーション）

## ｜便利ツールのおすすめ書籍

- Excel 最強の教科書[完全版]――すぐに使えて、一生役立つ「成果を生み出す」超エクセル仕事術（藤井 直弥, 大山 啓介, SBクリエイティブ）
- かんたんだけどしっかりわかるExcelマクロ・VBA入門（古川順平, SBクリエイティブ）
- 退屈なことはPythonにやらせよう —ノンプログラマーにもできる自動化処理プログラミング（Al Sweigart, 相川 愛三, オライリージャパン）
- 独学プログラマー Python言語の基本から仕事のやり方まで（コーリー・アルソフ, 清水川 貴之, 新木 雅也, 日経BP社）

## Web アプリケーションのおすすめ書籍

- 「プロになるためのWeb技術入門」――なぜ、あなたはWebシステムを開発できないのか(小森 裕介 , 技術評論社 )
- 気づけばプロ並みPHP 改訂版--ゼロから作れる人になる!(谷藤 賢一 , リックテレコム)
- 体系的に学ぶ 安全なWebアプリケーションの作り方 第2版 脆弱性が生まれる原理と対策の実践(徳丸 浩 , SBクリエイティブ )
- PHPフレームワーク Laravel入門(掌田津耶乃 , 秀和システム)
- Ruby on Rails チュートリアル 実例を使ってRailsを学ぼう(https://railstutorial.jp/)
- Amazon Web Services 基礎からのネットワーク&サーバー構築 改訂版(玉川憲 , 片山暁雄 , 今井雄太 , 大澤文孝 , 日経BP社)
- まんがでわかるLinux シス管系女子(Piro , 日経BP社)
- サルでもわかるGit入門
(https://backlog.com/ja/git-tutorial/)

## ゲームのおすすめ書籍

- Unityの教科書 Unity 2017完全対応版 2D&3Dスマートフォンゲーム入門講座(北村 愛実 , SBクリエイティブ)
- Unityで神になる本。(廣 鉄夫 , オーム社)
- はじめてでもよくわかる! Cocos2d-xゲーム開発集中講義(西田 寛輔 , 藤田 泰生 , マイナビ出版)
- 改訂2版 はじめて学ぶ enchant.jsゲーム開発(蒲生 睦男 , シーアンドアール研究所)
- WOLF RPGエディターではじめるゲーム制作―「イベントコマンド」と「データベース」で、ゲームシステムを自由に作る!( SmokingWOLF , 工学社)

## ▌AI のおすすめ書籍

- ゼロから作る Deep Learning ―Python で学ぶディープラーニングの理論と実装（斎藤 康毅，オライリージャパン）
- ゼロから作る Deep Learning2 ―自然言語処理編（斎藤 康毅，オライリージャパン）
- すぐに使える！業務で実践できる！Python による AI・機械学習・深層学習アプリのつくり方（クジラ飛行机，杉山 陽一，遠藤 俊輔，ソシム）
- 人工知能は人間を超えるか ディープラーニングの先にあるもの（松尾 豊，KADOKAWA/中経出版）
- トコトンやさしい人工知能の本（辻井 潤一，産業技術総合研究所 人工知能研究センター，日刊工業新聞社）
- 仕事ではじめる機械学習（有賀 康顕，中山 心太，西林 孝，オライリージャパン）

## ▌スマートフォンアプリケーションのおすすめ書籍

- Kotlin 入門までの助走読本（https://drive.google.com/file/d/0Bylpznm149-gTGRjOFRkWm9PODg/view）
- Kotlin スタートブック -新しい Android プログラミング（長澤 太郎，リックテレコム）
- はてな研修用教科書-Swift での iOS アプリ開発（https://github.com/hatena/Hatena-Textbook/blob/master/swift-development-apps.md）
- はてな研修用教科書-プログラミング言語 Swift（https://github.com/hatena/Hatena-Textbook/blob/master/swift-programming-language.md）
- 作って学ぶ iPhone アプリの教科書【Swift4&Xcode 9対応】˜人工知能アプリを作ってみよう！˜（森 巧尚，まつむら まきお，マイナビ出版）
- たった2日でマスターできる iOS アプリ開発集中講座 Xcode 9/Swift 4 対応（藤 治仁，小林 加奈子，小林 由憲，ソシム）

## VR・AR のおすすめ書籍

- **作って学べる Unity VR アプリ開発入門**（大嶋 剛直，松島 寛樹，河野 修弘，技術評論社）
- **Unity で ARKit & ARCore AR 開発環境のマルチプラットーフォーム**（iOS & Android） 対 応（https://qiita.com/taptappun/items/bc38a446a06c83bd1898）

## チーム開発のおすすめ書籍

- **アジャイルサムライ－達人開発者への道－**（Jonathan Rasmusson，西村 直人，角谷 信太郎，近藤 修平，オーム社）
- **リーン開発の現場 カンバンによる大規模プロジェクトの運営**（Henrik Kniberg，角谷 信太郎，市谷 聡啓，藤原 大 ，オーム社）
- **SCRUM BOOT CAMP THE BOOK**（西村 直人，永瀬 美穂，吉羽 龍太郎，翔泳社）
- **チーム開発実践入門――共同作業を円滑に行うツール・メソッド WEB+DB PRESS plus**（池田 尚史，藤倉 和明，井上 史彰，技術評論社）

## プロジェクト管理のおすすめ書籍

- **デッドライン**（トム デマルコ，Tom DeMarco，伊豆原 弓，日経BP社）
- **Joel on Software**（Joel Spolsky，青木 靖，オーム社）
- **「プロジェクトマネジメント」実践講座**（伊藤 大輔，日本実業出版社）
- **ソフトウェア見積り 人月の暗黙知を解き明かす**（スティーブ マコネル，溝口 真理子；田沢 恵，久手堅 憲之，日経BP社 ）
- **ピープルウエア 第3版**（トム・デマルコ ，ティモシー・リスター，松原 友夫，山浦恒央，日経BP社）
- **人月の神話【新装版】**（Jr FrederickP.Brooks，Jr.,Frederick P. Brooks，滝沢 徹，牧野 祐子，丸善出版）

## デバッグのおすすめ書籍

- C# プログラマーのための デバッグの基本＆応用テクニック（川俣 晶, 技術評論社）
- デバッグの理論と実践 ―なぜプログラムはうまく動かないのか（Andreas Zeller, 中田 秀基, 今田 昌宏, 大岩 尚宏, 竹田 香苗, オライリージャパン）

## 設計のおすすめ書籍

- UML モデリングのエッセンス 第3版（マーチン・ファウラー, 羽生田 栄一, 翔泳社）
- ユースケース駆動開発実践ガイド（ダグ・ローゼンバーグ, Doug Rosenberg, 三河 淳一, 船木 健児, 翔泳社）

## セキュリティのおすすめ書籍

- IPA 情報セキュリティ（https://www.ipa.go.jp/security/）
- 情報セキュリティスペシャリスト – SE娘の剣 –（http://sc.seeeko.com/）
- イラスト図解式 この一冊で全部わかるセキュリティの基本（みやもと くにお, 大久保 隆夫, SBクリエイティブ）
- おうちで学べるセキュリティのきほん（増井 敏克, 翔泳社）
- 動かして学ぶセキュリティ入門講座（岩井 博樹, SBクリエイティブ）
- サイバーセキュリティプログラミング ―Pythonで学ぶハッカーの思考（Justin Seitz, 青木 一史, 新井 悠, 一瀬 小夜, 岩村 誠, オライリージャパン）

## サーバのおすすめ書籍

- **Server World - ネットワークサーバー構築**（https://www.server-world. info/）
- **イラスト図解式 この一冊で全部わかるサーバーの基本**（きはし まさひろ , SBクリエイティブ）
- **これだけは知っておきたい サーバの常識**（小島 太郎 , 佐藤 尚孝 , 佐野 裕 , 技術評論社）
- **ゼロからはじめるLinuxサーバー構築・運用ガイド 動かしながら学ぶ Webサーバーの作り方**（中島 能和 , 翔泳社）

## データベースのおすすめ書籍

- **楽々ERDレッスン**（羽生 章洋 , 翔泳社）
- **SQLの絵本 第2版 データベースが好きになる新しい9つの扉**（株式会社 アンク , 翔泳社）
- **達人に学ぶDB設計 徹底指南書 初級者で終わりたくないあなたへ**（ミック , 翔泳社）
- **達人に学ぶSQL徹底指南書 第2版 初級者で終わりたくないあなたへ** （ミック , 翔泳社）
- **プログラマのためのSQL 第4版**（ジョー・セルコ , Joe Celko , ミック , 翔泳社）
- **SQLアンチパターン**（Bill Karwin , 和田 卓人 , 和田 省二 , 児島 修 , オライリージャパン）

## 美しいプログラムのおすすめ書籍

- **リーダブルコード ―より良いコードを書くためのシンプルで実践的なテクニック**（Dustin Boswell , Trevor Foucher , 須藤 功平 , 角 征典 , オライリージャパン）

●**プログラミング作法**(Brian W. Kernighan , Rob Pike , 福崎 俊博 , KADOKAWA)
●**新装版 リファクタリング―既存のコードを安全に改善する―**（Martin Fowler , 児玉 公信 , 友野 晶夫 , 平澤 章 , 梅澤 真史 , オーム社）
●**実装パターン**(ケント・ベック , Kent Beck , 永田 渉 , 長瀬 嘉秀 , ピアソンエデュケーション)
●**CODE COMPLETE 第2版 上 完全なプログラミングを目指して**(スティーブ マコネル , Steve McConnell , クイープ , 日経BP社)

## アルゴリズムのおすすめ書籍

●**世界でもっとも強力な9のアルゴリズム**(ジョン・マコーミック , 長尾高弘 , 日経BP社)
●**数学ガール／乱択アルゴリズム**(結城 浩 , SBクリエイティブ)
●**プログラミングコンテスト攻略のためのアルゴリズムとデータ構造**(渡部有隆 , Ozy , 秋葉 拓哉 , マイナビ)
●**珠玉のプログラミング 本質を見抜いたアルゴリズムとデータ構造**(ジョン・ベントリー , 小林 健一郎 , 丸善出版)
●**アルゴリズムイントロダクション 第3版 総合版**(T. コルメン , R. リベスト , C. シュタイン , C. ライザーソン , 近代科学社)

## コンピュータサイエンスのおすすめ書籍

●**プログラムはなぜ動くのか**(矢沢久雄 , 日経ソフトウエア)
●**文庫 思考する機械コンピュータ**(ダニエル ヒリス , W.Daniel Hillis , 倉骨 彰 , 草思社)
●**痛快!コンピュータ学**(坂村 健 , 集英社)
●**コンピュータシステムの理論と実装 ―モダンなコンピュータの作り方**(Noam Nisan , Shimon Schocken , 斎藤 康毅 , オライリージャパン)
●**アンダースタンディング コンピュテーション ―単純な機械から不可能なプログラムまで**(Tom Stuart , 笹田 耕一 , 笹井 崇司 , オライリージャパン)

■著者紹介

# 北村 拓也 （きたむらたくや）

　1992 年福島県に生まれる。広島県に 8 歳のときに移り、大学院卒業までを過ごす。現在は広島と東京の 2 拠点生活。中学生の頃に不登校を経験し、既存の学校教育に対し疑問を抱く。広島大学工学部に入学しプログラミングに出会う。プログラミングの持つ可能性に惹かれ、プログラミングスクール TechChance! の運営を始めたほか、プログラミングを通じて、「U-22 プログラミングコンテスト CSAJ 会長賞」、「IoT Challenge Award 総務大臣賞」「人工知能学会研究会 優秀賞」など 40 件を超える賞を受賞した。プログラミングスクール TechChance! は現在全国 16 校舎を展開している。40 以上の作品を作り、代表アプリは GooglePlay 新着有料ゲームランキング 4 位、ゲーム投稿サイト PLiCy ランキング 1 位を記録した。大学 3 年次には学習アプリ開発会社を起業し、2019 年に同会社を売却し、売却先である「花まる学習会」の CTO を務めている。また作った作品を守るためサイバーセキュリティを学ぶことの重要さを感じ、サイバーセキュリティ攻防体験アプリ Cyship を作り、法人化した。大学在学中は 5 社の役員をしながら、飛び級で広島大学大学院工学研究科情報工学専攻 学習工学研究室を卒業し、博士号（工学）を取得した。卒業後、広島大学学長特任補佐、広島大学特任助教として就任。広島大学起業部「1st Penguin Club」の担当教員をしている。同クラブで「大学起業部のオープンソース化」を目指す。

　現在は「洗脳的教育からの解放」を人生目標とし、主に教育の分野で活動中である。既存の学校教育で評価されない子供向けの財団作りに取り組んでいる。書籍執筆、作品作りのほか、YouTuber としても活動中である。趣味は小説執筆と投資とテニス。

## 「人材育成プログラム参加歴」

Makers University 第 3 期 水野ゼミ 修了
IPA の天才的クリエイター発掘事業 未踏クリエイター
NICT のホワイトハットハッカー育成 SecHack365 第一期優秀修了
トビタテ留学ジャパン第 8 期 未来テクノロジー人材としてアメリカのシリコンバレーに留学
高度 IT 人材育成 enPiT 修了 優秀賞第一位
広島県 Camps アクセラレーションプログラム 第 1 回 最優秀賞
井上氏の経洗塾 第 9 期生

　ブログ「洗脳的教育からの解放」: https://rebron.net/blog

# ▷ 索 引 ◁

Learning Method of Programming

‖ カバーデザイン：成田英夫

知識ゼロからのプログラミング学習術
独学で身につけるための9つの学習ステップ

| 発行日 | 2020年　2月15日 | 第1版第1刷 |
| | 2023年　8月10日 | 第1版第5刷 |

著　者　北村　拓也

発行者　斉藤　和邦
発行所　株式会社 秀和システム
　　　　〒135-0016
　　　　東京都江東区東陽2-4-2　新宮ビル2F
　　　　Tel 03-6264-3105（販売）　Fax 03-6264-3094
印刷所　三松堂印刷株式会社

©2020 Takuya Kitamura　　　　　　　　　Printed in Japan
ISBN978-4-7980-6012-5 C3055